无公害肉牛
高效养殖与疾病防治新技术

● 曾 春 主编

中国农业科学技术出版社

图书在版编目(CIP)数据

无公害肉牛高效养殖与疾病防治新技术/曾春主编.—北京：中国农业科学技术出版社,2012.4

ISBN 978 - 7 - 5116 - 0832 - 1

Ⅰ.①无… Ⅱ.①曾… Ⅲ.①肉牛 - 饲养管理 - 无污染技术②肉牛 - 牛病 - 防治 Ⅳ.①S823.9②S858.23

中国版本图书馆 CIP 数据核字(2012)第 046283 号

责任编辑	朱 绯
责任校对	贾晓红 郭苗苗

出 版 者	中国农业科学技术出版社
	北京市中关村南大街 12 号　邮编:100081
电 话	(010)82106626(编辑室)　(010)82109704(发行部)
	(010)82109709(读者服务部)
传 真	(010)82109707
网 址	http://www.castp.cn
印 刷 者	中煤涿州制图印刷厂
开 本	850mm×1 168mm　1/32
印 张	4.875
字 数	131 千字
版 次	2012 年 4 月第 1 版　**2014 年 6 月第 3 次印刷**
定 价	14.00 元

《无公害肉牛高效养殖与疾病防治新技术》
编委会

主　编　曾　春

副主编　吴绮丽　刘明辉

编　者　邹亚富　辛元明　张瑞宝　王建国

前　言

改革开放以来,中国农村建设取得了丰硕成果,农民生活水平得到提升,农业朝着现代化的方向发展。为了更好的服务农业、服务农民,本书对于无公害肉牛高效养殖与疾病防治新技术进行了详细介绍。

全书共分为七章,内容包括:肉牛养殖概述、无公害肉牛养殖的品种选择、牛场和牛舍建设、肉牛的营养与饲料、肉牛的饲养管理、肉牛的育肥技术、肉牛疾病防治技术。

全书图文结合,生动形象,内容深入浅出、通俗易懂,价格低廉,是一本农民真正读得懂、买得起、用得上的"三农"力作。本书适合于肉牛养殖者、畜产科技人员和农业院校有关专业师生阅读参考,也可作为有关实用技术培训的教材。

由于编写任务紧、时间仓促,编著者水平所限,本书难免有不妥之处,敬请广大读者提出意见。

编　者

目 录

第一章 肉牛养殖概述

第一节 世界肉牛养殖业的发展概况

一、世界肉牛业现状

肉牛生产是当今世界现代农业的主导产业之一。根据"2007年世界畜牧生产统计资料"（联合国粮农组织，FAO），全世界牛存栏13.83亿头，其中，年末存栏牛较多的国家是巴西2.07亿头，印度1.81亿头，中国1.39亿头；全世界牛肉总产量达6 709万吨，同比增长1.34%。其中，发展中国家牛肉产量为3 745万吨，占全球的55.82%。分地区看，亚洲牛肉产量位居第一为1 794万吨，占全球牛肉产量的26.74%；南美洲位居第二为1 514万吨，占22.56%；北美洲位居第三为1 321万吨，占19.68%；欧洲位居第四为1 097万吨，占16.35%。按国家排序，牛肉产量较多的国家是美国1 191万吨、其次是巴西777.4万吨、中国750.2万吨。中国牛存栏数及牛肉产量名列全球第三。

世界发达国家的专业化和集约化肉牛生产体系日趋完善。近30年来，国外畜牧业发达国家肉牛场的生产规模越来越大，饲养户越来越少。如全美国肉牛养殖户仅1万户，中等规模户养肉牛2 000～5 000头，大户则养几万头，甚至几十万头，提供肉牛市场75%以上的牛源。美国养牛业已实现了工厂化生产，投喂饲料、清除粪便、提供饮水、诊断疫病、饲料配方、营养分析等操作过程都实现了自动化、机械化。犊牛生产、育成、育肥是在专门生产场中分别进行的，如商品犊牛繁殖场只养母牛、种公牛、妊娠牛、后备母牛；育成牛场收购断奶不足 320 千克的牛饲养，放牧结合补料，体重达 450 ~ 550 千克时出栏上市。

肉牛育肥方式因各国条件不同而异，同时，还受市场、饲料、牛肉价格等因素的影响有所变化。以精饲料为主的半集约化肥育方式由于育肥时间较短，消耗粗饲料相对较少，因此，在生产中得到广泛应用。大量饲喂粗饲料的粗放式育肥主要以粗饲料和放牧为主，消耗精饲料少，肥育牛体重较大，所以，在生产中也很受欢迎。美国一些地区还采用典型的易地育肥方式，即在山地、丘陵、草原或草场资源丰富的地区集中饲养母牛、繁殖犊牛及培育生长牛，一般生长至体重 300 千克左右时运到精饲料及农副产品丰富的农区进行肥育。新西兰和澳大利亚等国把各类牛常年放牧在围栏草场上，进行科学的放牧管理。

发达国家进入市场的牛肉均已经过冷加工处理。牛的屠宰、冷加工（排酸）、分割、包装等整个工艺流程以及牛肉质量标准均已普及，并日趋成熟和完善。牛肉的卫生达标是以严格的加工工艺取得的。采用"栅栏"效应等技术、紫外线杀菌、有机酸及有机酸盐等来代替传统的防腐剂，使商品牛肉真正达到更安全、优质、无公害。

二、世界肉牛业的发展趋势

1. 大力倡导节粮型肉牛育肥方式

由于全球粮食紧缺和价格上涨，世界各国特别是人多地少的国家，日趋重视充分利用粗饲料进行肉牛饲养。因此，进一步开发秸秆等粗饲料的加工利用，充分利用农副产品发展肉牛生产，是许多国家肉牛业的发展方向。同时，改良草地、建立人工草场，利用放牧降低肉牛肥育成本，也是今后发展高效肉牛业的重要措施。目前，粗饲料的加工方法不断改进，能够更多地保留粗饲料中的营养成分，提高其利用率和利用价值。袋装青贮、拉伸膜裹包青贮的应用可以改进青贮料品质，提高生产效率。干草压制成草饼、草块等，既便于贮存、运输，又减少了损失。

2. 重视研究和应用肉牛生产新技术

肉牛生产关键技术的突破和新技术、新工艺的研制及推广，日益显示出其重要性。20世纪50年代初美国首例牛胚胎移植成功后各国都加强了研究和生产应用。到70年代后期至今，国外兴起了配子和胚胎的生物工程技术研究，如胚胎冷冻、胚胎分割、体外受精、性别控制、胚胎嵌合、细胞核移植、基因导入等。目前，胚胎移植作为生物技术的组成部分，已在生产中商业化应用。美国、加拿大、日本等许多国家都建立了专业的牛胚胎移植公司。近年来，美国和加拿大每年移植牛胚胎10万~20万头。此外，电脑控制的现代化饲养系统使肉牛集约化生产进一步发展。在大型肉牛场，按照围栏牛群的年龄、体重、体况等情况，确定该栏牛群的饲料配方。当需要某种配方的饲料时，微机按照输入的配方加工数据资料，控制自动容积式秤，准确按规定的各种成分、比例下料。混合均匀后自动灌装饲喂车，然后运往指定围栏饲喂，极大地提高了生产效率和养殖效益。

3. 快速发展高档牛肉生产

随着世界经济的快速发展，人类食品结构发生了很大变化，牛肉消费量增长，特别是高档牛肉消费增加。各国市场对牛肉的需求日益提高，一是满足快餐为主的大众化牛肉，二是高档次消费的西式牛排，三是以日式为代表的东方铁板烤牛肉（雪花牛肉）。后两种要求档次较高，在大理石花纹等级、成熟度上有较高标准和特殊评价。为了适应高档牛肉生产的需要，一些发达国家，如美国、日本、加拿大及欧盟都制定了牛肉分级标准；不同国家按市场需要，利用安格斯牛、利木赞牛、皮埃蒙特牛等肉质优良品种生产适销对路的高档牛肉；其中，部分用作生产小白牛肉，向德国、意大利、法国等国出售，价格高于一般牛肉数倍。

第二节　我国肉牛业的发展现状

一、我国肉牛业的发展现状

改革开放以来，我国畜牧业保持了较高的发展速度，实现了持续增长，已成为名副其实的畜牧业生产大国。其中，肉牛业也有很大发展，牛出栏量和牛肉产量保持逐年增长势头。1980年，我国牛出栏量为332.2万头，产量仅26.9万吨；2007年，牛出栏5 602.9万头，牛肉产量达到750万吨，分别是1980年的16.9倍和27.9倍。我国牛肉产量占世界牛肉总量的11.2%，位居世界第三。据国家统计局资料，2008年上半年，我国城镇居民人均购买牛肉1.35千克，花费金额26.72元。我国牛肉消费特点是消费水平低。主要表现在：牛肉消费在地区之间存在较大差异；城市消费水平高，农村消费水平低；主产区消费水平高，其余消费水平低。

1. 区域发展特征明显，区域化生产格局初步形成

我国现有牛存栏头数达到1.38亿头，牛肉产量达到750万吨。牛肉生产具有明显的区域分布和动态变化的特征。20世纪80年代以前，牛肉主要产自牧区省份。到1980年，内蒙古自治区（以下称内蒙古）、新疆维吾尔自治区（以下称新疆）、青海和西藏自治区（以下称西藏）四大牧区省份的牛肉产量为11.4万吨，占全国牛肉总产量的42.4%。20世纪80年代以后，由于农业部组织进行的商品牛基地建设及秸秆青贮、氨化技术的推广，加速了农区肉牛业的发展，我国牛肉生产出现牧区向农区迅速转移的趋势。

目前，我国新一轮肉牛产业发展规划包括四个主要产区：中原肉牛带（河南、山东、河北、安徽等4个省的7个地市38个县市）、东北肉牛带（辽宁、吉林、黑龙江、内蒙古等4个省、自治区的7个地市24个县市、旗）、西南肉牛带［广西壮族自

治区（以下称广西）、贵州、云南、四川、重庆等5个省、自治区]、西北肉牛带［新疆、甘肃、陕西、宁夏回族自治区（以下称宁夏）等4省、自治区]。其中，以中原肉牛带与东北肉牛带的发展最为强劲。

2. 发展速度快，但生产水平不高、优质肉牛比重少、牛肉档次低仍然是制约肉牛业发展的主要因素

从世界肉类生产结构来看，牛肉产量占肉类总产量的比重长期保持在30%左右，而我国2007年仅占9%。我国牛的存栏量约占世界总数的9%，而牛肉产量为世界的11.2%。我国牛的生产水平较低，突出表现在牛的生长周期长、出栏率低，其主要原因是由于肉牛的良种化程度低，饲养管理水平低，特别是营养水平低下。

3. 出口牛肉有所增加，结构趋向优化，但在国际进出口贸易中比重小，档次低

随着我国肉牛生产和加工业的发展，我国牛肉出口贸易出现结构性变化。活牛出口在20世纪80年代初为20万~22万头，20世纪90年代初下降为17万~18万头，到1996年以后则下降为11.6万头，但出口金额基本保持在6 000万美元，并略有上升。而目前我国鲜冻牛肉出口比重还很小，仅占世界贸易量的1%左右，同时，由于出口牛肉的档次低，出口的牛肉价格不足世界平均价的80%。近3年我国每年需从国外进口高档牛肉2 000~3 000吨。

4. 社会化服务体系发展迅速，但基础设施仍很薄弱，特别是服务人员素质有待提高

早在1978年，经国家计委批准，农业部相继在全国26个省、区建立了141个商品牛基地县。1992年以来，财政部和农业部先后在河南、安徽、山东等地建立了173个秸秆养牛示范县。近年来，各地又从产销衔接入手，大大发展和培植形式多样的服务组织，发展公司加农户、专业市场加农户、科技推广服务

组织加农户、专业协会加农户等各类服务组织，从优良品种的引进与改良、技术指导、疫病防治、产品销售及经营管理等方面为广大饲养者提供了比较系统、全面的服务。但基础设施仍很薄弱，特别是服务人员素质有待进一步提高。

5. 一大批龙头企业正在崛起，但更多的中、小加工企业设备简陋，工艺落后，特别是综合加工能力差

目前，全国各地都把培植龙头企业作为肉牛产业化的突破口来抓。在龙头企业建设上，通过采取政策和资金倾斜等措施，提高技术装备水平，扩大生产规模，壮大经济实力。就全国来看，尽管加工场点数量急剧增加，但综合加工能力差、加工点布局不均衡将是今后肉牛加工业及肉牛产业化过程中急需解决的问题。此外，有些肉牛主产区由于缺乏机械加工和冷贮设备，屠宰仍然依靠分散个体屠宰户手工操作，一些可开发利用的副产品被抛弃，影响着本地区养牛经济效益的提高。

6. 肉牛市场建设步伐加快，但全国范围内的肉牛市场网络尚未形成，市场功能培育还不完善

按照大市场、大流通的要求，全国许多省、市先后在牛羊集中产地和交通要道，顺势兴建了一批规模大、规范化程度高、带动力强、辐射面宽的牛羊活畜及其产品交易市场，对带动肉牛产业化的形成起到了重要作用。但从总体上来看，肉牛业的市场体系发育还不完善、储运手段落后、信息反馈迟缓，仍在一定程度上影响肉牛业经济的发展。

7. 规模饲养成为肉牛育肥的重要生产方式，但千家万户养殖及育肥牛源仍是肉牛生产的基础

在肉牛育肥上，传统的分散饲养、粗放经营已开始向规模饲养，集约经营方向转变。据估算，全国肉牛规模育肥场（户）所需的架子牛源95%以上仍需农户提供，农户出栏的肉牛占到全国肉牛出栏量的80%以上。从整体上来说，我国的肉牛饲养期缩短，出栏率提高，牛肉的质量、档次也得到提高，杂交牛在

生产中所占的比例越来越大。但我们仍需要有一个清醒的认识，我国的肉牛生产相对于奶牛生产，技术含量和水平仍然较低，还需较长时间和较大力度的发展和提高。

二、我国肉牛产业发展的对策

2008 年全国农村工作会议上，肉牛业发展列入 2009 年及今后农业重要工作之一。目前，全国肉牛业发展迅速，牛肉的消费数量和质量要求都在提高，很多社会资金也在大量投资该产业，发展势头强劲。尤其在我国成功举办奥运盛会后效应的激励下，社会各行各业对中国肉牛业立足国际市场提升国际影响力的呼声空前高涨，有力地推动了我国肉牛业的可持续发展。同时，肉牛产业发展联系千家万户，是农民增收致富的重要项目。

2009 年初以来，尽管由"三聚氰胺奶粉事件"所引发的畜产品安全信任危机以及国际金融风暴的侵袭，致使我国肉牛业的发展陷入商品牛源紧张的困境，给我国肉牛产业带来了严峻的挑战和新的发展机遇。但从长远看，随着全球经济一体化，肉牛业将在更大范围和更高层次上参与国际竞争。如何促进现代牛业的可持续发展，确保牛肉产品的质量安全；如何解决地方优良品种的保种与开发，以及随着机械化程度的提高役用牛退出历史舞台，现代肉牛生产如何在新市场经济下健康发展；如何协调优质高档牛肉的需求目标与品种选育、科学饲养；如何有机延伸肉牛产业链等，已成为业内外人士关注的焦点。机遇是潜在的，而挑战却是现实的。抓住机遇，应对挑战，关键在于依靠肉牛业科技进步，运用高新技术升级改造传统肉牛业，提高产品的质量和效益，推动肉牛产业化的发展，全面提升肉牛业的综合竞争力。现阶段应特别重视我国地方优良品种，如秦川牛、南阳牛、鲁西牛等牛种的选育提高；进行优质肉牛杂交配套系筛选及饲养管理技术体系的建立，并进行区域性试验示范，建立适合我国区域性实情的科学肉牛杂交繁育体系；推出适合我国不同区域及规模肉牛生产的饲养模式；研究高档牛肉生产及系列加工技术；初步形成肉牛生产的社会化服务体系；集成有重要应用价值的肉牛科技成果使其系统化、配套化、产业化。归纳起来，有以下几点。

1. 建立健全肉牛良种体系，提纯复壮原种肉牛和地方良种黄牛，加大制种供种（冻精）力度。

2. 推行"粮（粮食作物）—经（经济作物）—饲（饲料作物）"的三元种植结构，建立优质饲料饲草基地，提高饲料饲草产量和质量，如紫花苜蓿、饲料玉米、甜高粱等。

3. 进一步加强动物疫病的检测和检疫防疫体系的建设，防止疫病的入侵，加强对兽药的行政管理，保持牛群的安全健康。

4. 大力发展肉牛的加工业，支持龙头企业以市场为导向，以产品为单元，以科技为手段，实行生产、加工、销售一体化经营，提高养牛的综合效益，与养牛农户形成紧密型利益共同体，免除农民的市场风险和后顾之忧。

5. 以养牛户为基础，建立肉牛合作社或协会以及区域性养牛的行业协会，形成"行业协会＋龙头企业＋合作社＋农户"的经营体系，增强国内外市场竞争能力。

6. 推行"四位一体"的生态养牛循环经济模式，即把养牛同发展沼气和塑料大棚以及农作物秸秆的利用结合起来，既为农业提供优质肥料，又能解决农村能源（烧饭和照明）综合利用、改善生态、居住环境等。

7. 在干旱、半干旱地区提倡种植甜高粱和高丹草等，为发展养牛及其他食草动物提供优质饲料饲草，改善生态环境，增加农民收入，提高养牛的整体效益。

8. 在区域布局上，肉牛发展实行山区、灌区并举的方针。现阶段由于山区生产率低下，肉牛养殖以灌区为主，随着草地的改良，山区的比重会逐步提高。

9. 以市场需求为导向，现有资源为基础，加大养牛业结构调整的力度，努力增大优质牛肉和高档牛肉比重，以满足全球经济日益增长的城乡居民和外贸出口的市场需求。

10. 因地制宜，合理布局，分期重点开发，实现社会经济和自然资源的优化配置。

11. 继续坚持国家、集体、个人和引进外资一起上的原则，大力扶持养牛专业户，重点强化肉牛加工和科技、市场服务体系建设，大胆尝试股份制和股份合作制等多种现代企业管理制度，逐步形成牧工商一条龙，产供销一体化和现代化的经营模式。

12. 加速肉牛科技进步，努力提高肉牛个体生产能力、饲料转化率、出栏率和商品率，使我国肉牛业再上一个新台阶、新档次和新水平。

13. 在努力提高全国肉牛生产能力的同时，不断提高养牛的经济效益，增加农民养牛的收入水平。

14. 加速肉牛业技术标准和产品质量标准的建立，使肉牛业趋向国际化，努力开展国际合作，开拓国际市场，提升产品的国际竞争力。尽快建立既能与国际接轨，又有地方特色的肉牛业技术标准和产品质量标准体系，建设国家肉牛业技术质量标准的研究体系、管理体系、立法体系、认证体系和检测检验体系。

15. 积极推进肉牛业知识产权保护，尽快形成既符合 WTO 规则，又能有效合理保护我国肉牛业的国家安全技术贸易措施体系。开发先进检测技术与设备，推动产品的质量检测、检测网络体系的技术升级；保证产品的安全，全面提升我国肉牛业的国际竞争力。

三、我国肉牛业发展趋势

1. 建立健全产业化组织，发展肉牛产业化经营

发展产业一体化经营，是我国肉牛业发展的必由之路。我们通常所说的"公司＋农户"的经营方式，仅仅是肉牛产业化组织的一个微观产业组织，这种微观组织只有通过宏观的产业组织才能充分发挥其职能。因我国经济处在转型时期，政府部门对肉牛产业不再进行组织、管理和调控，而与此同时农民又没有建立和健全属于自己的产业组织。因此，肉牛产业的当务之急是立即组织起真正的能够对一个地区或全国的肉牛业提供指导、咨询和信息等服务，并对整个肉牛业发挥监督、管理和调控作用的宏观性组织。宏观组织应该在肉牛的品种、数量、质量、价格和产品的生产、加工、流通、贸易等方面进行宏观监督和调控，在产品标准、规章制度、促销、名牌战略等方面发挥作用。

2. 大力提高我国牛肉的质量

长期以来，我国国产牛肉中优质牛肉所占比重太小，国内星级宾馆、饭店及外资餐厅等所需的优质牛肉，国内无力供应，只好高价进口；对于一般大众所需的牛肉，也由于肉质老、烹任费时而食用单调，限制了国人的消费。在国际市场中之所以不能打入西方国家牛肉市场的重要原因之一是质量不符合他们的要求，卫生检疫也不合格。由此可见，提高牛肉质量是我国肉牛业持续发展的关键。因此，我国肉牛业发展战略需应从"资源开发型"向"市场导向型"转变，由过去的"重量轻质低效"向"扩量提质增效"方向转变。世界牛肉价格将会上涨，加入世界贸易组织后，我国牛肉出口机遇可望增长，我们要抓住机遇，提高牛肉的综合品质，改变过去只重视产量、忽视质量的错误认识，树立名牌战略，以科技为先导，以产品为单元，以市场为导向，努力把我国肉牛业推向新的辉煌。

3. 改善和提高我国肉牛的屠宰和加工工艺

我国目前的牛肉屠宰处于一种传统手工生产和半机械化生产状态。这直接影响了牛肉的色泽、嫩度、口味、营养及卫生安全。据统计，在全国 2 500 个较大的屠宰点中，只有 15 个现代化程度较高。屠宰工艺是提高我国牛肉质量的关键环节。现在发达国家牛肉主要是以冷鲜肉的形式销售，要求屠宰加工必须在现代化的工厂中进行，牛肉的销售必须有必要的冷藏设备，这种加工和销售方式能够确保牛肉的色泽和风味。随着生活水平的提高，人们会逐步认识到冷鲜肉在卫生和营养方面的优越性，购买的方向也将会从目前加工程度较低的鲜肉市场转向加工程度较高的冷鲜肉市场。因此，因地制宜地推进我国肉牛屠宰和销售的现代化建设将是我国肉牛业发展的必经之路。

4. 在全国范围内执行肉牛胴体分级标准

在执行国家农业行业标准（无公害食品——牛肉）的基础上，在全国范围内施行统一的肉牛胴体分级标准，可以促使牛肉生产者、经营者和消费者对于牛肉的质量达成共识，有利于市场的规范运行，实现优质优价，促进国内牛肉生产和对外贸易的发展。世界发达国家均有自己牛肉质量的系统评定方法和标准。美国早在20世纪初就完成了肉牛胴体标准，首次建立了政府分级体系。日本、韩国、加拿大等国家也都有比较完善的标准，标准的制定对促进这些国家的肉牛业发展起到了重要作用。

为了加快我国肉牛业的发展，促进牛肉品质的提高，迎接进入世贸组织后的新机遇，规范牛肉市场，科技部和农业部在"九五"攻关项目中专设了"优质牛肉系统评定方法和标准"专题，由南京农业大学、中国农业科学院和中国农业大学承担，由周光宏教授主持，旨在制定一个既能与国际接轨又符合中国国情的牛肉分级标准。业经5年的时间通过对上万头牛的调查，对上千头牛的测定分析，并经过反复论证和试验，形成了一个系统的牛肉评定方法和标准，通过了科技部和农业部组织的专家鉴定。经中华人民共和国农业部发布，作为国家农业行业标准——牛肉质量分级按（NY/T 676—2003）实施。该标准主要包括胴体质量等级和产量等级评定标准和技术。质量等级主要根据大理石花纹和生理成熟程度来评定，产量等级主要以胴体重和眼肌面积进行评定。牛肉等级评定技术标准中的主要指标（如大理石花纹、生理成熟度、眼肌面积等）均制有图版、工具及录像片等辅助材料，大理石花纹指标的等级评定还配有相应的应用软件。分级标准的使用效果良好，可操作性强，根据本技术标准分级的优一级牛肉可达到美国USDA标准中的优选级。这套分级技术的实施，可客观公正地实行牛肉分级，引导优质优价和有序竞争，对我国肉牛产业、对农民增收和肉类工业的发展将产生重要的影响。目前，所面临的问题是如何在全国范围内统一实施该标准，或在该统一标准的框架内制定出各品种或各民族特色的分级标准等，如"清真牛肉质量分级"标准并施行。

我国肉牛业发展到今天，已经有了一个可观的基础。鉴于我国人多地少的国情，我们不可能像国外那样靠大量饲喂精饲料发展肉牛业。随着农业产业结构调整步伐的加快，农区饲料作物和牧草种植面积将有较大幅度的增加，肉牛粗饲料特别是规模牛场的粗饲料结构将发生重大变革，肉牛饲养方式随之明显改善，必将促进肉牛业生产规模、生产水平和牛肉质量的提高。我国肉牛业的发展虽然会面临许多挑战，但同时，也面临着许多发展机遇，新时期的中国肉牛业必将日益更趋向专业化、集约化和标准化。

第三节　肉牛的外貌特征

牛的外貌是体躯结构的外部形态，牛的体质则是有机体形态结构、生理功能、生产性能、抗病力、对外界生活条件的适应能力等相互之间协调性的综合表现。不同用途的牛，体质外貌上存在显著差异。个体的体质外貌特征既是其遗传基础与其所处的外界环境条件相互作用的结果，又是内部结构与生理功能的外部表现。研究牛体质外貌的目的，在于揭示外貌与生产性能和健康程度之间的关系，以便在养牛生产上尽可能地选出生产性能高且健康状况好的牛。而对牛外貌的鉴定则是对其体质和生产潜力进行鉴定和选择的重要手段，是牛的选择培育不可缺少的重要环节。

一、牛体各部位名称

牛躯体可分为头颈部、背部和臀部。背部又可分为前背和腰部，包括鬐甲、前肢、胸、乳房和生殖器官等部位（图1-1）。头颈部在躯体的最前端，包括头和颈两部分；臀部主要包括尻、臀、后肢、尾等。

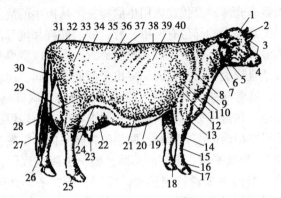

1. 额部；2. 前额；3. 面部；4. 鼻镜；5. 下颌；6. 咽喉；7. 颈部；8. 肩部；
9. 垂皮；10. 前胸；11. 肩后区；12. 臂；13. 前臂；14. 前膝；15. 前管；
16. 系部；17. 蹄；18. 副蹄；19. 肘端；20. 乳井；21. 乳静脉；22. 乳房；
23. 乳头；24. 后肋；25. 球节；26. 尾帚；27. 飞节；28. 后膝；29. 后大腿；
30. 乳镜；31. 坐骨端；32. 尾根；33. 髋（臀角）；34. 尻；35. 腰角；36. 肷；
37. 腰；38. 背；39. 胸侧；40. 鬐甲

图1-1 牛体表部位名称

二、肉牛的外貌特点

从整体上看，肉牛的外貌应体躯低垂，皮薄骨细，全身肌肉丰满、浑圆、疏松而匀称。前视、侧视、背视和后视均应呈长方形。

前视由于胸宽而深，鬐甲平广，肋骨十分弯曲，构成前视矩形。

侧视由于颈短而宽，胸、尻深厚，前胸突出，股后平直，构成侧视矩形。

背视由于鬐甲宽厚，背腰、尻部广阔，构成背视矩形。

后视由于尻部平直，两腿深厚，同样也构成后视矩形。

由于肉牛体型方正，在比例上看前躯较长而中躯较短，全身粗短紧凑。皮肤细薄而松软，皮下脂肪发达，尤其是早熟的肉牛，其背、腰、尻及大腿等部位的肌肉中间夹有丰富的脂肪。被毛细密而富有光泽，是优良肉用牛的特征。从肉牛的局部看，与产肉性能关系最大的部位有髻甲、背、腰、前胸和尻等部位，尤其以尻部最为重要，优质牛肉其比例最大。髻甲应宽厚多肉，与背腰在一条直线上。前胸饱满，突出于两前肢之间。肉垂细软而不甚发达，肋骨弯曲度大，肋间隙狭窄，两肩与胸部结合良好，无凹陷痕迹，显得十分丰满。背、腰要求宽广，与髻甲在一条直线上，显得平坦而多肉。沿脊椎两侧的背腰肌肉非常发达，常形成"复腰"。腹线平直、宽广而丰圆，整个中躯呈现一粗短圆桶形状。尻部对肉牛来说特别重要，应宽、长、平、直而富于肌肉，忌尖尻或斜尻。两腿宽而深厚，显得十分丰满。腰角丰圆，不应突出，坐骨端距离宽，厚实多肉；连接腰角、坐骨端与飞节三点，要构成丰满多肉的三角形，不露棱角。四肢上部深厚、多肉，下部短而结实。我国劳动人民总结肉牛的标准外貌特征为"五宽五厚"，即额宽，颊厚；颈宽，垂厚；胸宽，肩厚；背宽，肋厚；尻宽，股厚。

一般肉牛皮肤较薄而有弹性，全年放牧的黄牛及水牛以及在寒冷地区的牛，皮肤粗厚，被毛也较粗长。被毛的粗细与皮肤厚薄有关，皮厚则毛粗、皮薄则毛细。因此，一般肉牛要求皮薄而毛细。被毛的颜色是牛的品种特征之一，但与生产性能无关，鉴定时对种公牛的毛色要求比母牛要严格。犊牛出生后毛色较浅，以后随着年龄的增长，毛色会逐渐变深。

三、肉牛体型外貌鉴定方法

牛的体型外貌与生产性能的关系密切。不同生产类型的牛，体型外貌存在显著差异，这是由于长期各组织器官的利用强度不同、选育目的和培育条件不同而形成的。肉用牛应具有宽深而肌肉丰满的体躯，否则产肉性能不会太好。一般来说，如果生长早期的犊牛在后胁、阴囊等处就沉积脂肪，表明不可能长成大型肉牛。大骨架的牛更有利于肌肉的沉积。如果青年牛体格较大而肌肉较薄，表明它是晚熟的大型牛，会比体格小而肌肉厚的牛更有生长潜力。所以，处于生长期的牛，如整个体躯形态清晰，宽而不丰满，看上去瘦骨嶙峋，说明有发育潜力；相反，外貌丰满而骨架很小的牛不会有良好的长势。

目前，根据外形选牛已逐渐成为一种专门的技术和职业。我国民间的一些评估人员在采购肉牛时，仅通过观察外貌和体型特征就可对牛的出肉率和脂肪量作出准确的估计（误差在 1% 左右）。可见肉牛的体型外貌在一定程度上能反映出产肉性能的高低。常见的鉴定方法有以下几种。

1. 肉眼鉴别

选择肉牛的过程也就是对肉牛进行鉴别的过程。通过肉眼观察并借助触摸肉牛各个部位并与理想肉牛的各个部位及整体进行比较。鉴定时，鉴定人员要对肉牛整体及各部体躯在脑海中形成一个"理想模式"，即最好的体躯及相应部位应是怎么个"样式"，然后用实际牛体的整体和各个部位与理想形进行比较，从而达到判断牛只生长发育状况及生产性能高低的目的。

肉眼鉴别时，应使牛自然站在宽广平坦的场地上，鉴别者站在距牛 3~5 米的地方，首先对整个牛体环视一周，以便有一个轮廓的认识，同时，注意分析牛整体的平衡状态、体躯形状、各部位结合状况与发达程度，以及各部相互间比例的大小。然后站在牛的前面观察头部的结构、胸和背腰的宽度、肋骨开张程度和前肢的肢势等；从侧面观察胸部的深度，整个体型、肩及尻的倾斜度，颈、背、腰、尻等部的长度及肌肉附着情况。肉眼观察完毕，再用手按、摸牛的背腰部、肋部、股部、后肋部的皮肤厚度、皮下脂肪及肌肉弹性，以便确定其肥满程度，估价肉脂、骨量的多少。对这些做到心中有数以后，让饲养人员牵牛绕评定人员一圈，细心观察牛只身躯的平衡状态，运步情况。最后对该牛作出判断，决定其相应等级。

感官鉴定法简便易行，不需要仪器设备，但要有丰富的鉴定经验，才比较准确可靠。

2. 体尺体重测量

（1）体尺测量　对牛只进行体尺测量，可以确定肉牛的生长发育情况，比较体型的差异，补充肉眼鉴定的不足。测量肉牛体尺可用测杖、卷尺、卡尺等，以厘米为单位。测量时，场地要平坦，站立姿势要端正。常测量的体尺有以下几种。

体高：由鬐甲最高点至地面的垂直距离（测杖）。

十字部高：由腰角连线中点至地面的垂直距离（测杖）。

胸宽：左右第六肋骨间的最大距离，即肩胛后缘的距离（测杖或卡尺）。

胸深：鬐甲到胸骨下缘的垂直距离（测杖）。

体斜长：由肩端前缘至坐骨端的距离，简称体长（软尺）。

体直长：由肩端前缘至坐骨端后缘的水平距离（测杖）。

胸围：肩胛后缘胸部的圆周长度（软尺）。

管围：前管最细处的围径（软尺）。

尻长：由腰角前缘至臀端后缘的直线距离（测杖或卡尺）。

腰角宽：两腰角外缘间的直线距离（卡尺）。

臀端宽：臀端外缘间的最大宽度（卡尺）。

腿围：由一侧后膝前缘绕臀后至对侧后膝前缘的水平距离（卷尺），连测两次取平均值。

（2）体尺指数的计算　体尺指数就是一种体尺对另一种与它在生理解剖上相关的体尺数字的比率。体尺指数反应牛体各部位发育的相互关系，肉牛常用的体尺指数有以下几种。

肢长指数 =（体高 - 胸深）/体高 × 100

体长指数 = 体长/体高 × 100

胸宽指数 = 胸宽/胸深 × 100

体躯指数 = 胸围/体长 × 100

管围指数 = 管围/体高 × 100

腿围指数 = 腿围/体高 × 100

肉牛体尺指数参考值见表1-1。

表1-1 肉牛体尺指数参考值

指数名称	肉用牛	兼用牛
肢长指数	42.2	48.2
体长指数	122.5	118.4
胸宽指数	73.6	68.8
体躯指数	132.5	121.3
管围指数	13.9	15.1

(3) 活重估测 测量体重也是了解肉牛生长发育情况的重要方法。体重的测定有实测法和估测法两种。

①实测法:一般用台式地秤,使牛站在上面,进行实测。这种方法最为准确。犊牛应每月测重1次,育成牛每3个月测重1次,成年牛应于放牧期前后和第一、第三、第五胎产后30~50天各测重1次。每次称重时应在喂饮之前,如是哺乳母牛,应在挤奶之后进行。为了减少称重误差,最好连续2天在同一时间内进行,然后求其平均数作为该次的实测活重。

②估测法:由于品种、类型、年龄、性别、膘情等的不同,某一公式只适用于某一特定的品种或类型,一般要求估重与实重之间相差以不超过5%为宜。一般用胸围和体长来估测,常用的公式有:

体重(千克)=胸围2(米)×体斜长(米)×90(适用于奶牛或乳肉兼用牛)

体重(千克)=2.5[体直长(厘米)×胸围(厘米)]÷100(适用于肉用牛)

体重(千克)=胸围2(厘米)×体斜长(厘米)÷10 800(适用于黄牛)

体重(千克)=胸围2(厘米)×体斜长(厘米)÷系数(适用于改良牛,6月龄系数为12 500,18月龄系数为12 000)

第二章　无公害肉牛养殖的品种选择

第一节　我国肉牛的地方品种

一、秦川牛

1. 产地及分布

该牛产于陕西省渭河流域关中平原地区，因"八百里秦川"而得名。1956年在对秦川牛进行普查的基础上，于1958年相继成立了乾县和渭南两个良种选育辅导站，5个省属和县属牛场，1965年制定秦川牛种畜企业标准，1973年推广人工授精和冷冻精液配种新技术，1974年成立秦川牛选育协作组，制定选育方案，开展良种登记，建立育种档案。20世纪80年代又引入短角牛和丹麦红牛改良秦川牛。1986年和2003年制定并修订颁布《秦川牛》国家标准。

2. 外貌特征

该牛属较大型役肉兼用品种。毛色为紫红色、红色、黄色3种。鼻镜肉红色约占63.8%，亦有黑色、灰色和黑斑点的，约占36.2%。自呈肉色，蹄壳分红、黑和红黑相间3种颜色。体格较高大，骨骼粗壮，肌肉丰满，体质强健。头部方正，肩长而斜。胸部宽深，肋长而开张。背腰平直而宽，长短适中，结合良好。荐骨部微隆起，后躯发育稍差。四肢粗壮结实，两前肢相距较宽，蹄叉紧。公牛头较大，颈短粗，垂皮发达，髻甲高而宽；母牛头清秀，颈厚薄适中，髻甲低而窄。角短而钝，多向外下方或向后稍弯。成年牛体重体尺见表2-1。

表 2 - 1　秦川牛成年体尺体重

性别	体重（千克）	体高（厘米）	体斜长（厘米）	胸围（厘米）	管围（厘米）
公牛	594.5	141.5	160.5	200.5	22.4
母牛	381.2	124.5	140.9	170.8	16.9

3. 生产性能

经肥育 18 月龄牛的平均屠宰率为 58.3%，净肉率为 50.5%。肉质细嫩多汁，大理石花纹明显。泌乳期为 7 个月，泌乳量（715.8 ± 261.0）千克。鲜乳成分为：乳脂率 4.70% ± 1.18%，乳蛋白质率 4.00% ± 0.78%，乳糖率 6.55%，干物质率 16.05% ± 2.58%。公牛最大挽力为（475.9 ± 106.7）千克，占体重的 71.7%。

秦川母牛常年发情、在中等饲养水平下，初情期平均为 9.3 月龄。成年母牛发情周期平均 20.9 天，发情持续期平均 39.4 小时。妊娠期 285 天，产后第一次发情约 53 天。秦川公牛一般 12 月龄性成熟，母牛 2 岁左右开始配种。秦川牛是优秀的地方良种，是理想的杂交配套品种。

二、南阳牛

南阳牛产于河南省西南部南阳地区及唐河、白河流域的广大平原地区，其中以白河流域的南阳市郊、南阳县、邓县等地的牛最著名。

1. 外貌特征

南阳牛属大型役肉兼用品种。体格高大，肌肉发达，结构紧凑，体质结实。皮薄毛细，行动迅速。一般鬐甲较高，肩部宽厚，胸骨突出，肋间紧密，背腰平直，荐尾略高，四肢端正，蹄质坚实。公牛头部雄壮方正，颈短厚，稍呈弓形，颈侧多皱纹，肩峰隆起 8 ~ 9 厘米，肩胛骨斜长，前躯比较发达。母牛头清秀、较窄长、多凸起，颈薄呈水平状，长短适中，身躯较发达。毛色以黄色最多，红色、草白色次之。鼻镜肉红色。角型种类较多，公牛角基较粗，以萝卜头角为好，母牛角细短。成年公牛体高（144.9±9.62）厘米，体斜长（159.8±12.01）厘米，胸围（199.5±21.0）厘米，管围（20.4±1.76）厘米，体重（647.9±176.3）千克。公牛最大体重可达 1 000 千克。

2. 肉用性能

南阳牛产肉性能良好，易肥育，1.5 岁公牛体重可达 441.7 千克，平均日增重 813 克；3～5 岁阉牛，在以精饲料为主的高营养水平肥育后，活重达 510.4 千克，屠宰率 64.5%，净肉率 56.8%，眼肌面积 95.3 平方厘米。22～24 月龄的强度肥育牛，屠宰率为 63.74%，净肉率 54.24%，骨肉比为 1∶7.06。肉质细嫩，大理石状纹明显，味道鲜美。南阳牛与其他品种黄牛杂交，后代表现良好。

3. 优缺点

南阳牛是我国著名的役肉兼用型品种，体格大，肉质好，但后躯发育不好，有斜尻、尖尻、凹背等外型特点。母牛产奶性能较差，泌乳期 6～7 个月，平均日产奶 0.71～1.68 千克，不利于犊牛的早期发育。

三、晋南牛

山西省运城地区的万荣县是晋南黄牛的主要育成地。现在晋南黄牛的主产区分布在运城地区、临汾地区等。

1. 晋南牛体型外貌

晋南黄牛体格高大，骨骼粗壮，体质壮实，全身肌肉发育较好。

（1）牛头　晋南牛头较长、较大，额宽嘴大，有"狮子头"之称。

（2）鼻镜　鼻镜粉红色。

（3）牛角　角短粗呈圆形或扁平形，顺风角形较多；角尖枣红色。

（4）被毛　被毛多为枣红色和红色；皮厚薄适中而有弹性。

（5）躯体 体躯高大，鬐甲宽大并略高于背线；前躯发达，胸宽深；背平直，腰较短；腹部较大而不下垂。

（6）臀部 臀部较大且发达，充分育肥后的臀部方圆丰满，显示出较好的产肉性能；尻部较窄且斜。

（7）四肢 四肢粗壮结实，直立。

（8）牛蹄 牛蹄大、圆；蹄壳深红色。

2. 晋南牛的体尺、体重

晋南牛的体尺、体重如表 2-2 所示。

表 2-2 晋南牛的体尺和体重

性别	体高/厘米	体长/厘米	胸围/厘米	管围/厘米	体重/千克
公牛	138.6	157.4	206.3	20.2	607.4
母牛	117.4	135.2	164.6	15.6	539.4

资料来源：中国牛品种志

3. 晋南牛的产肉性能（表 2-3）

根据作者 1991 年、1994 年、1998 年、2001 年的饲养和屠宰，晋南牛的产肉性能如表 2-3 所示，晋南牛具有非常优良的产肉性能。

表 2-3 晋南牛的产肉性能

年度	头数	年龄/月	宰前活重/千克	胴体重/千克	屠宰率/%	净肉重/千克	胴体产肉率/%
1991	28	27	581.9	369.3	63.38	313.7	84.94
1994	30	24	541.9	344.0	63.44	292.8	85.11
1998	9	24	485.8	302.7	62.36	267.6	88.4
2001	88	36	521.3	274.6	53.7*	229.4	83.53

注：* 民营屠宰企业的胴体标准

4. 晋南牛的杂交效果

据山西运城地区家畜家禽改良站李振京等报道，用夏洛来牛、西门塔尔牛、利木赞牛分别改良晋南牛（分别简称夏晋牛、西晋牛、利晋牛），在相同的饲养管理条件下比较了杂交牛 15～18 月龄育肥和屠宰性能。

（1）杂交牛的生长发育　杂交牛的增重情况如表 2－4 所示。

表 2－4　晋南改良牛生长肥育比较表

组别	头数	饲养天数/天	开始体重/千克	结束体重/千克	增重/克	以晋南牛增重为100%
晋南牛	4	100	276.05	331.75	619	100
夏晋牛	4	100	355.35	436.75	905	146.2
西晋牛	4	100	350.00	425.5	839	135.5
利晋牛	4	100	343.13	417.3	824	133.1

资料来源：中国黄牛杂志

经过 100 天的育肥后，在 18 月龄时夏晋牛体重（436.8 千克）比晋南黄牛体重（331.8 千克）高 105 千克；西晋牛体重（425.5 千克）比晋南牛体重（331.8 千克）高 94 千克；利晋牛体重（417.3 千克）比晋南牛高 86 千克。在 100 天的育肥时间内，夏晋牛、西晋牛、利晋牛分别比晋南牛的日增重高 46.2%、35.5% 和 33.1%，说明改良效果显著。

（2）杂交牛的屠宰成绩　在屠宰成绩中，夏晋牛、西晋牛、利晋牛的屠宰率分别比晋南牛高 5.81%、5.27% 和 4.28%，净肉率同样是杂交牛高于纯种晋南牛，仍以上述排序，杂交牛净肉率要比晋南牛分别高 5.89%、5.07% 和 5.64%（表 2－5）。

表 2－5　晋南改良牛屠宰成绩表

组别	头数	宰前活重/千克	胴体重/千克	屠宰率/%	净肉重/千克	净肉率/%	胴体产肉率/%	骨重/千克	骨肉比	月龄
晋南牛	4	318	164.4	51.69	127.7	40.15	77.66	31.1	1:4.1	18～20
夏晋牛	4	422	242.2	57.5	194.1	46.04	80.13	41.8	1:4.7	17～19
西晋牛	4	412	234.7	56.96	186.3	45.22	79.38	42.7	1:4.4	18～19
利晋牛	4	404	226.3	55.97	185.2	45.79	81.82	36.1	1:5.1	17～20

资料来源：中国黄牛杂志

再据山西万荣县畜牧局王恒年等报道，用利木赞牛改良晋南牛，杂交一代牛在 24 月龄体重达到 651 千克，比同龄的晋南牛292 千克高 359 千克，杂交优势非常明显。

四、延边牛

延边牛主要产于吉林省延边朝鲜族自治州，属于寒温带山区的役肉兼用品种。体质结实，骨骼坚实，被毛长而密，皮厚有弹力。公牛颈厚而隆起，肌肉发达，角多向外后方伸展呈"一"字形或倒"八"字形角。母牛角细长，多为龙门角。延边牛毛色多呈浓淡不同的黄色，鼻镜一般呈淡褐色，带有黑斑点。

1. 产肉性能

据试验，在比较好的饲养条件下培育的 18 月龄育成公牛，经 180 天育肥，胴体重 265.8 千克，屠宰率 57.5%，精肉率47.23%，平均日增重 813 克。育肥后的肉质柔嫩多汁，鲜美适口。

2. 繁殖性能

延边牛的初情期为 8 ~ 9 月龄，性成熟期：母牛平均为 13 月龄，公牛为 14 月龄。常年发情，发情周期平均为 20 ~ 21 天，发情持续期为 12 ~ 36 小时，平均为 20 小时。发情征候消失 3 ~ 16 小时排卵，7 ~ 8 月份为发情盛期。在寒温带每年的第二季度配种，翌年第一季度产犊。第一次配种一般为 20 ~ 24 月龄。繁殖年限：种公牛为 8 ~ 10 岁，母牛为 10 ~ 13 岁，个别母牛可达 20 岁以上。

3. 适应性

延边牛耐寒冷，耐粗饲，抗病力强，役力持久，不易疲劳。是我国黄牛中珍贵的抗寒品种之一。

4. 杂交效果

利用延边牛改良个体外形明显增大，从役用角度看使役性能亦明显增强。

五、渤海黑牛

渤海黑牛的主产区在山东滨州市无棣县。

1. 渤海黑牛的体型外貌

（1）牛头　头较小、较轻。

（2）鼻镜　鼻镜颜色为黑色，典型的渤海黑牛有鼻、嘴、舌三黑的特点。

（3）牛角　角型以龙门角和倒八字角为主。

（4）被毛　全身被毛为黑色，皮厚薄适中而有弹性。

（5）体躯　低身广躯，呈长方形肉用牛体型。

（6）臀部　臀部发育较好，斜尻较轻。

（7）四肢　四肢较短；直立。

（8）牛蹄　蹄壳为黑色。

2. 渤海黑牛的体尺、体重

渤海黑牛的体尺、体重如表2-6所示。

表2-6　渤海黑牛的体尺和体重

性别	体高/厘米	体斜长/厘米	胸围/厘米	管围/厘米	体重/千克
公牛	129.6	145.9	182.9	19.8	426.3
母牛	116.6	129.6	161.7	16.2	298.3

资料来源：中国牛品种志

3. 渤海黑牛的产肉性能

据笔者测定12头渤海黑公犊牛，经过充分育肥，屠宰前体重501.3千克，胴体重318.7千克，屠宰率63.6%，净肉重267.6千克，净肉率53.4%。另据资料介绍，未经育肥的渤海黑牛的产肉性能如表2-7所示。

表 2 - 7　渤海黑牛的产肉性能

项目	公牛 2 头（4~5 岁）	阉牛 4 头（2.5~7 岁）
屠宰前体重/千克	437.0（410.0~464.0）	373.8（321.0~423.6）
屠宰后体重/千克	420.5（393.0~448.0）	357.7（307.2~406.8）
胴体重/千克	231.9（208.7~255.0）	187.4（173.7~200.8）
净肉重/千克	198.3（176.6~220.0）	154.2（143.2~165.2）
屠宰率/%	53.0（50.9~55.0）	50.1（47.4~54.1）
净肉率/%	45.4（43.0~47.4）	41.3（38.2~45.7）
胴体产肉率/%	85.5（84.6~86.2）	82.3（80.6~84.4）
骨肉比	1:5.9（1:5.6~1:6.8）	1:4.6（1:4.1~1:5.4）
熟肉率/%	57.5（53.3~61.7）	54.1（52.8~56.5）

资料来源：中国黄牛杂志

六、鲁西牛

鲁西牛产于山东省西部、黄河以南，运河以西一带。菏泽、济宁地区是鲁西牛集中产区。其中以鄄城、巨野、梁山、嘉祥、金乡、济宁等县的鲁西牛质量好量多。

1. **外貌特征**

鲁西牛体躯高大，肌肉发达，筋腱明显，皮薄骨细，体质结实，结构匀称，具有较好的肉役兼用体型。鬐甲较高，肩宽厚，胸宽深，背腰平直，尻稍斜，四肢端正，蹄质坚实。公牛头方正，颈短厚、稍隆起，肩峰耸起，前躯发育好。母牛头清秀，颈薄呈水平状，长短适中，乳房发育较好。被毛从浅黄色至棕红色都有，一般前躯毛色较后躯深。多数牛有完全或不完全的三粉特征，即眼圈、口轮、腹下到四肢内侧色淡，鼻镜与皮肤多为淡肉红色。多数牛尾帚毛与体毛颜色一致，少数牛在尾帚长毛中混生白毛或黑毛。鼻镜多为肉红色，或间有黑斑。蹄色不一，从红色至蜡黄色，少数黑色。公牛角粗大，多为龙门和倒"八"字角，母牛角细短。鲁西牛体尺体重见表 2 - 8。

表2-8 鲁西牛体尺体重

项目	体高/厘米	体长/厘米	胸围/厘米	管围/厘米	体重/千克
公牛	142.83	151.50	197.5	17.05	525
母牛	123.57	136.19	168.4	15.58	385
阉牛	138.71	150.24	190.05	18.77	511

2. 肉用性能

鲁西牛体成熟较晚,当地群众有"牛发齐口"之说,一般牛多在齐口后才停止发育。性情温驯,易管理。鲁西牛以肉质好而闻名,远销香港特区及其他国家,很受国内外市场的欢迎。鲁西牛对粗饲料的利用能力强,肥育性能好,肉质细嫩,肌纤维间脂肪沉着良好,呈明显的大理石状纹,经肥育后,屠宰率为55%,净肉率为45%。鲁西牛繁殖能力较强。母牛性成熟早,公牛性成熟较母牛稍晚,一般1岁左右可产生成熟精子,2.0~2.5岁开始配种。自有记载以来,鲁西牛从未流行过焦虫病,有较强的抗焦虫病能力。对高温适应能力较强,对低温适应能力则较差。

3. 优缺点

鲁西黄牛为我国大型黄牛品种之一,具有役肉兼用的特点和良好的适应能力。该牛肉质佳,屠宰率高,易于肥育。但存在尻部发育和背部发育不理想的问题,有待进一步改良提高。

七、蒙古牛

1. 产地及分布

该牛为一古老品种,原产于蒙古高原。自古以来,就繁衍在年均气温0~6℃、降水量仅150~450毫米、典型大陆性气候的高原山地环境之中。分布于内蒙古、黑龙江、新疆、河北、山西、陕西、宁夏、甘肃、青海、吉林和辽宁等省(自治区)。该牛既是种植业的主要劳动力,又是部分地区汉、蒙等民族奶和肉食的重要来源,在长期不断地进行人工选择和自然选择的情况下，形成了该牛种。

2. 外貌特征

该牛毛色多样，但多为黑色或黄色；头短宽而粗重，角长，向上前方弯曲，呈蜡黄色或青紫色，角质致密有光泽。肉垂不发达。鬐甲低下，胸扁而深，背腰平直，后躯短窄，尻部倾斜。四肢短，蹄质坚实。从整体看，前驱发育比后躯好。皮肤较厚，皮下结缔组织发达。由于该牛处在寒冷风大的气候条件下，使其形成了胸深、体矮、胸围大、体躯长、结构紧凑的肉乳兼用体型。成年牛体重体尺见表2-9。

表2-9　蒙古牛成年体尺体重

性别	体重/千克	体高/厘米	体斜长/厘米	胸围/厘米	管围/厘米
公牛	415	118.9	144.7	185.3	18.4
母牛	370	112.8	135.3	171.2	16.1

3. 生产性能

该牛的产肉性能受营养影响很大。中等营养水平的阉牛平均宰前体重（376.9±43）千克，屠宰率为（53±2.8)%，净肉率（44.6±2.9)%，骨肉比为1:5.2，眼肌面积为（56±7.9）平方厘米。

该牛有两个优良类群。一个类群是乌珠穆沁牛，是在锡林郭勒盟乌珠穆沁草原肥美的水草条件下，蒙古族牧民长期人工选择形成的，具有体质结实、适应性强等特点，以肉质好、乳脂率高等性状而著称。1982年已发展到近20万头。乌珠穆沁牛的肉用性能：2.5岁阉牛肥育69天，宰前体重326千克，屠宰率为57.8%，净肉率为49.6%，眼肌面积为40.5厘米。3.5岁阉牛肥育71天，宰前体重345.5千克，屠宰率为56.5%，净肉率为47%，眼肌面积为52.9平方厘米。另一类群是安西牛，长期繁衍在素有"世界风库"之称的甘肃省安西县，约有8.6万头。

未经肥育的成年安西阉牛，屠宰率为41.2%，净肉率为35.6%。

该牛繁殖率为50%~60%，犊牛成活率为90%；因四季营养极不平衡而表现为季节性发情。母牛8~12月龄开始发情，2岁始配，4~8岁为繁殖旺盛期。

第二节　国外主要肉牛品种及特征

我国最早在19世纪起就有从国外引进优良肉牛品种的记载，并分散在全国各地饲养，对我国当地黄牛改良起到了非常重要的作用。特别是在20世纪70年代引进的一些肉牛品种，如海福特牛、夏洛莱牛、西门塔尔牛和利木赞牛对我国各地黄牛改良，提升我国黄牛肉品质量和提高单位个体产肉率起到了非常显著的影响。下面就介绍几个主要影响我国肉牛改良的国外肉牛品种，供参考。

一、西门塔尔牛

西门塔尔牛原产于瑞士阿尔卑斯山脉，为兼用型品种，体型高大、额宽，角呈"一"字向前扭转、向上外侧挑出，角尖为肉色。毛色为黄白花色或红白花色，多为白头，少数黄眼圈，胸部和腰部有带状的白色毛，腹部、尾梢、四肢的飞节和膝关节以下为白色。生产中西门塔尔牛一般分为两个品系，即苏系和德系，苏系多为黄白花色，德系多为红白花色。

1. 产肉性能

成年公牛体重可达1 100千克，母牛800千克。西门塔尔牛经过育肥后日增重可达1 569克，其屠宰率最高达65%。西门塔尔牛13~18月龄母牛平均日增重达505克，在正常饲养管理下，1~2岁公牛平均日增重为974克，16月龄时公牛体重为600~640千克。

2. 繁殖性能

母牛可常年发情，发情周期为18~22天，产后发情平均为

53 天，妊娠期为 282～290 天，初产月龄平均为 30 月龄，产犊成活率为 90% 以上。

3. 适应性

据各地饲养西门塔尔牛的情况看，该牛适应性非常好。在我国地域差别变化比较大的环境下饲养，均可获得很好的生长发育表现，现在已经成为我国黄牛改良的主要品种之一。

4. 杂交效果

据试验，利用西门塔尔公牛改良蒙古牛，育肥到 1.5 岁时屠宰，其杂交一代牛平均日增重（864.1±291.8）克，杂交二代为（1 134.3±321.9）克。在育肥试验的最后 15 天，个体最高日增重，杂交一代牛日增重 2 000 克，杂交二代牛日增重达 2 400 克。据放牧试验，西门塔尔杂交一代阉牛平均日增重为 1 085 克，而夏洛莱和海福特杂交一代牛平均日增重则分别为 1 044.5 克和988 克。据数十年的杂交改良经验，西门塔尔牛在今后的杂交改良利用方面，比较适合充当"外祖父"的角色。

二、海福特牛

海福特牛原产于英格兰岛，是英国最古老的早熟中型肉用型品种之一。最早引入我国的记录是在 1913 年。该牛体格较小，骨骼纤细，头短，颈粗短，垂肉发达，额宽。分有角和无角两种。角向两侧平展且微向前下方弯曲，呈蜡黄色。体躯呈长方形，四肢短，毛色主要为浓淡不同的红色。具有"六白"（头、四肢下部、腹下部、颈下、鬐甲和尾端为白色）的品种特征。

1. 产肉性能

海福特成年公牛体重 1 000～1 100 千克，母牛 600～750 千克。公犊初生重平均为 34 千克，母犊为 32 千克。该品种增重快，产肉率高，肉质好，皮下和肌肉中脂肪较少，脂肪主要沉积在内脏。成年牛屠宰率可达 67%，净肉率为 60%。据资料显示，12 月龄日增重可达 1 400 克，18 月龄体重能达到 725 千克。

2. 繁殖性能

海福特母牛在 6 月龄就有发情表现，到 18 月龄左右、体重达 500 千克时开始配种。发情周期为 21 天，发情持续期为 12 ~ 36 小时，妊娠期平均为 277（260 ~ 290）天。

3. 适应性

海福特牛性情温驯，适宜群体饲养。具有抗寒、耐粗饲、不挑食，饲料利用率高，抗病性较强的特点，但有耐热性差，蹄部易患病的缺点。据试验，海福特牛放牧采食能力强，放牧时自由采食牧草时间占放牧时间长达 79.3%，而当地牛采食时间占放牧时间仅为 67%。

4. 杂交效果

海福特牛与我国黄牛杂交效果明显，杂交一代牛具有明显的父系特征。一般杂交犊牛初生重（公犊 22.5 千克，母犊 22.4 千克）明显高于本地黄牛初生犊牛重量。

三、夏洛莱牛

夏洛莱牛是原产于法国中西部和东南部夏洛莱省的古老品种。我国从 20 世纪 60 年代开始引进该品种。它属于肉用牛中的大型牛。角向两侧向前方伸展，圆而长，并呈蜡黄色。胸背腰宽深，臀部宽大而肌肉发育非常好，多见"双脊"，腰部略显凹陷。全身毛色多为白色或乳白色。

1. 产肉性能

夏洛莱牛最大的特点就是生长速度快，瘦肉多，屠宰率高达 68%。初生重大，公犊达 46 千克，母犊 42 千克，断奶重可达 270 ~ 340 千克，1 周岁体重可达 500 千克，从出生到 6 月龄平均日增重为 1 168 克，18 月龄公犊平均体重为 734.7 千克。

2. 繁殖性能

母牛在 13 月龄开始有发情表现，到 17 ~ 20 月龄即可进行配种。由于夏洛莱牛难产率比较高（13.7%），一般在原产地要求饲养到 27 月龄，体重达 500 千克以上才可以配种，采取这样的办法可适当降低妊娠母牛的难产率。一般在产后 62 天首次发情，妊娠期为 286 天。

3. 适应性

夏洛莱牛具有良好的适应能力，耐寒抗热，耐粗饲，放牧时采食能力强，采食时间占放牧时间的 78.9%，日放牧采食量可达 48.5 千克。对常见病有较好的抵抗能力。运动不足或不及时修蹄，则易发生蹄病。因胎儿个体比较大，初产牛多需助产。

4. 杂交效果

夏洛莱牛遗传性能稳定。与当地黄牛杂交后，杂交一代具有明显的父本品种的特征，毛色多为乳白色或草黄色，体格大，四肢结实，肌肉丰满，性情温驯，易于管理，杂交一代牛初生重，公犊 29.7 千克，母犊 27.5 千克。杂交一代牛在较好的饲养条件下，24 月龄体重可达（494.09±30.31）千克。据试验，经过夏洛莱牛杂交后生产的杂交一代，不论是从役用能力、屠宰率和净肉率等指标相对于本地黄牛均有显著提高。

四、安格斯牛

安格斯牛原产于英国的苏格兰北部的阿伯丁和安格斯地区。是一种古老的小型肉用品种。具有无角、黑毛、体型较低矮，体躯宽阔，呈长方形。全身肌肉发达，蹄质坚实，骨骼较细约占胴体中的 12.5%。

1. 产肉性能

安格斯成年公牛体重约达 900 千克，母牛达 600 千克，屠宰率为 60%~65%。犊牛初生重 32 千克，7~8 月龄体重达 200 千克，12 月龄日增重超过 1 000 克，体重可达 400 千克。

2. 繁殖性能

安格斯牛繁殖能力较强，母牛 12 月龄开始发情，到 18~20 月龄可进行配种。发情周期为 20 天左右，发情持续期为 26~30 小时，妊娠期为 280 天左右。

3. 适应性

安格斯牛耐粗饲、耐寒，性情温驯，母牛稍有神经敏感，对疾病有较强的抵抗力。

4. 杂交效果

安格斯牛无角遗传能力很强，与本地黄牛杂交一代被毛为父本特征。据试验，一般水平下饲养，犊牛初生重比本地黄牛提高28.71%，24月龄体重提高76.06%，屠宰率为50%，净肉率为36.91%。利用安格斯改良本地黄牛，是改善肉质的较好的父本选择，在今后生产高档牛肉时安格斯是首选父本。

五、短角牛

短角牛产于英格兰的达勒姆、约克等地，有肉用和乳肉兼用两种类型。它是在18世纪，当地人用达勒姆牛、提兹河牛与荷兰牛等品种杂交育成的品种，当今世界上许多著名的肉牛品种中均含有短角牛的基因。我国最早从1913年就曾经引进过短角牛。短角牛的外貌特征为：被毛卷曲，颜色多为紫红色，红白花色其次，个别为全白色，少数为沙毛。肉用型短角牛头宽、颈短，体躯宽大，颈下垂皮较发达，胸骨部位低，背腰宽阔，四肢短且间距宽。角细而短，两侧向下呈半圆形弯曲。

1. 产肉性能

短角牛饲喂后常卧地休息，因为消耗少，所以上膘快。肉质好。成年公牛体重为1 000～1 200千克，母牛体重为600～800千克；犊牛初生重平均为30～40千克，6月龄体重可达200千克左右。经试验，18月龄育肥平均日增重614克，每千克增重耗7.25个燕麦单位，宰前体重为（396.12±26.4）千克，胴体重（206.35±7.42）千克，屠宰率为55.9%，净肉率为46.39%。

2. 繁殖性能

短角牛6～10月龄性成熟，发情周期为21天左右，发情持续时间因年龄和季节变化而变化。一般老龄牛比青年牛发情持续时间长，夏季发情持续时间不如冬季发情时间长。妊娠期一般在

280 天左右。繁殖率达 91.93%。

3. 适应性

短角牛性格温驯，易于饲养，耐粗饲，适应不同温度、气候环境，生长发育快，成熟较早，抗病力强。

4. 杂交效果

我国培育的首个肉牛品种草原红牛，就是利用短角牛和本地黄牛进行杂交培育而成的。

六、利木赞牛

利木赞牛原产于法国中部的利木赞省，是经过多年培育的大型肉用品种。我国是在 1974 年从法国引进此品种。该品种具有被毛黄红色，鼻、口和眼周围、四肢内侧及尾部毛色较浅，角为白色，蹄为红褐色，头部短小，体型大、躯体长，全身肌肉丰满，四肢强健。

初生重公犊为 36 千克，母犊 35 千克，生长发育快，7~8 月龄体重即可达 240~300 千克，平均日增重为 900~1 000 克，1 周岁体重可达 450~480 千克，成年体重公牛 950~1 000 千克，母牛 600 千克。屠宰率为 68%~70%，胴体瘦肉率为 80%~85%。

七、蓝白花牛

蓝白花牛属肉用品种，其原产地在比利时。该品种多为蓝白相间或乳白毛色，少数有灰黑和白色相间毛色。体型大而呈圆形，肩背、腰和大腿肉块明显。性情温驯、易于饲养，生长速度快。据试验，7~12 月龄日增重 1 400~1 500 克，成年公牛体重达 1 200 千克左右，母牛体重为 725 千克，公犊初生重为 46 千克，母犊为 42 千克。12 月龄公牛体重 530 千克，日增重 1 490 克。屠宰率高达 68%~70%。瘦肉含量比其他肉牛品种高 18%~20%，骨骼轻 10%，脂肪少 30%。

八、皮埃蒙特牛

皮埃蒙特牛为乳肉兼用型品种，它原产于意大利北部的皮埃蒙特的都灵、米兰和克里英那等地。该品种是国外的育种公司在

20 世纪初利用夏洛莱牛杂交改良而育成。其特点是体格较大，骨细，全身肌肉发达。毛色多为乳白色或浅灰色，而公牛不同于母牛的特征是肩胛部的毛色较深，眼圈及尾部呈黑色。成年公牛体重约 850 千克、身高 145 厘米，母牛约为 570 千克、身高 136 厘米。

第三节　我国培育的肉牛品种

一、三河牛

1. 产地及分布

原产于内蒙古自治区的呼伦贝尔草原，是我国培育的第一个乳肉兼用品种，是用黑白花牛（荷斯坦牛）、西门塔尔牛等杂交选育而成的。因集中分布在额尔纳旗的三河（根河、得勒布尔河、哈布尔河）地区而得名。1954 年开始系统选育，建立了谢尔塔拉种畜场等 20 个国营牧场，按统一方案进行选育。1976 年呼伦贝尔盟成立三河牛育种委员会，重新修订育种方案。近 80 年的时间，特别是近 30 年的选育，逐步形成一个耐寒、耐粗饲、易放牧的新品种。1982 年制定了三河牛品种标准，1986 年鉴定验收，由内蒙古自治区人民政府批准正式命名。

2. 体型外貌

三河牛体质结实、肌肉发达、头清秀，眼大，角粗细适中，稍向前上方弯曲，胸深，背腰平直，腹圆大，体躯较长，肢势端正，乳房发育良好。毛色以红（黄）白花为主，花片分明，头部全白或额部有白斑，四肢在膝关节以下、腹下及尾梢为白色。

3. 生产性能

三河牛在五、六胎产奶量达到最高水平，一般产奶 3 600 千克，平均乳脂 4.1% 以上。产肉性能方面，42 月龄经放牧育肥的阉牛宰前活重达 457.5 千克，胴体重为 243 千克，屠宰率 53.11%，净肉率 40.2%。

三河母牛平均妊娠期为 283～285 天，怀公犊妊娠期比怀母犊长 1～2 天。平均受胎一次需配种 2.19 次。情期受胎率为 45.7%。初配月龄为 20～24 月龄，一般可繁殖 10 胎以上。

二、新疆褐牛

1. 产地及分布

主要产于新疆天山北麓的伊犁地区和准噶尔的塔城地区。1935～1936 年间伊犁和塔城地区就已引进瑞士褐牛与哈萨克牛进行杂交，1951～1956 年间又从前苏联引进几批阿拉塔乌牛和少量的科斯特罗姆牛继续进行改良。1977 年和 1980 年又先后从当时的德国、奥地利引进三批瑞士褐牛，这对提高新疆褐牛的质量起到了重要的作用。1983 年经新疆维吾尔自治区畜牧厅鉴定，批准为一个独立的乳肉兼用新品种——新疆褐牛。

2. 体型外貌

体质健壮，结构匀称，骨骼结实，肌肉丰满。头部清秀，角中等大小，向侧前上方弯曲，呈半椭圆形。唇嘴方正，颈长短适中，颈肩结合良好。胸部宽深，背腰平直，腰部丰满，尻方正，四肢开张宽大，蹄质结实，乳房发育良好。毛色以褐色为主，浅褐或深褐色的较少。多数个体有白色或黄色的口轮和背线。眼睑、鼻镜、尾梢和蹄呈深褐色。

3. 生产性能

在基本是终年放牧的条件下，泌乳期主要集中在 5～9 月份，在 150 天的时间内，成年牛产奶 1 750 千克。在城郊舍饲条件下，以 305 天泌乳期测试，成年牛产奶量可达 3 400 千克，乳脂率为 4.0% 以上。产肉性能，在放牧条件下，中上等膘度的 1.5 岁阉牛，宰前体重 235 千克，胴体重 111.5 千克，屠宰率 47.4%；成年公牛 433 千克时屠宰，胴体重 230 千克，屠宰率 53%，眼肌面积可达 76.6 平方厘米。

在放牧条件下，6 月龄开始有发情表现，母牛一般在 2 岁体重达 230 千克时配种；公牛在 1.5～2 岁，体重 330 千克开始初配。母牛发情周期平均为21.4天，发情持续期1.5～2.5天。妊娠期：怀公犊286.5天，怀母犊为285天。

三、草原红牛

1. 产地及分布

主要产于吉林省白城地区西部、内蒙古昭乌达盟和锡林郭勒盟南部及河北省张家口地区。该牛育种核心群主要分布在吉林省通榆县三家子种牛繁殖场。吉林、河北、内蒙古三省区自1936年就从国外引进短角牛改良当地黄牛。1952年形成杂交群，1973年三省区成立草原红牛育种协作组。1974年又从美国、加拿大等国引进乳肉兼用短角牛，提高核心群质量。1979年成立草原红牛育种委员会，于次年开始自行繁育，1985年经国家验收通过，正式命名为"中国草原红牛"。

2. 体型外貌

该牛头清秀，角细短，向上方弯曲，蜡黄色，有的无角。颈肩结合良好，胸宽深，背腰平直，后躯欠发达。四肢端正，蹄质结实。乳房发育良好。毛色以紫红色为主，红色为次，其余有沙毛，少数个体胸、腹、乳房部为白色。尾帚有白色。

3. 生产性能

该牛在放牧加补饲的条件下，平均产奶量为1 800～2 000千克。在短期育肥的条件下，3.5岁阉牛于499.5千克时屠宰，胴体重263.9千克，屠宰率52.8%，净肉重221.2千克，净肉率44.3%，眼肌面积63.2平方厘米。

该牛早春出生的犊牛发育较好，14～16月龄即发情，夏季出生的犊牛要达到20月龄才发情，但一般为18月龄。发情周期在吉林报道为21.2天，在内蒙古报道为20.1天。母牛一般于4月份开始发情，6～7月份为旺季。妊娠期平均283天。

四、夏南牛

1. 产地及分布

主要产于河南省泌阳县。该牛是以我国地方良种南阳牛为母本，以法国夏洛来牛为父本，经导入杂交、横交固定和自群繁育3个阶段的开放式育种，培育而成的肉牛新品种（含夏洛来牛血统37.5%）。2007年1月8日在原产地河南省泌阳县通过国家畜禽遗传资源委员会牛专业委员会审定。2007年5月15日在北京通过国家畜禽遗传资源委员会的审定。2007年6月16日农业部发布第878号公告，宣告中国第一个肉牛品种——夏南牛诞生。

据统计，1986～2006年21年间，泌阳县共实施杂交配种120万头，其中杂交创新配种52万头，回交配种26万头，横交配种42万头。截至2007年底调查统计，全县共存栏夏南牛12.4万头。其中组建核心母牛群2 500多头，具有8个独立清晰的血统档案。在原产地泌阳县羊册镇建有夏南牛研究所1个、饲养夏南牛种公牛14头，年制做夏南牛冻精10万剂以上。

2. 体型外貌

该牛毛色为黄色，以浅黄色、米黄色居多。公牛头方正、额平直，母牛头部清秀、额平稍长；公牛角呈锥状、水平向两侧延伸，母牛角细圆、致密光滑、稍向前倾。耳中等大小，颈粗壮、平直，肩峰不明显。成年牛结构匀称，体躯呈长方形；胸深肋圆，背腰平直，尻部宽长，肉用特征明显；四肢粗壮，蹄质坚实，尾细长。成年母牛乳房发育良好。成年公牛体高（142.5±8.5）厘米，体重850千克；成年母牛体高（135.5±9.2）厘米，体重600千克。

3. 生产性能

该牛生长发育快。在农户饲养条件下，公、母犊牛6月龄平均体重分别（197.35±14.23）千克和（196.5±12.68）千克，平均日增重分别为980克和880克；周岁公、母牛平均体重分别为（299.01±14.31）千克和（292.4±26.46）千克，平均日增重分别达560克和530克。体重350千克的架子公牛经强度肥育90天，平均体重达559.53千克，平均日增重可达1.85千克。该牛肉用性能好，据屠宰试验，17～19月龄的未肥育公牛屠宰率60.13%，净肉率48.84%，肌肉剪切值2.61，肉骨比4.8∶1，优质肉切块率38.37%，高档牛肉率14.35%。

　　该牛体质健壮，性情温驯，适应性强，耐粗饲，舍饲、放牧均可，采食速度快，在黄淮流域及其以北的农区、半农半牧区都能饲养，抗逆力强，耐寒冷，耐热性稍差，遗传性能稳定。具有生长发育快、易肥育的特点，深受肥育牛场和广大农户的欢迎，大面积推广应用有较强的价格优势。适宜生产优质牛肉和高档牛肉，具有广阔的推广前景。

第三章　牛场和牛舍建设

第一节　场址选择

肉牛场的场址选择首先要与当地农牧业发展规划、农田基本建设规划以及修建住宅等规划结合起来，其次还要根据肉牛场自身的发展规划统筹安排留有发展的余地。

一、选址原则

场址应选择在地势较高、排水方便，土壤透水性好，水源充足，草料丰富，交通方便，便于卫生防疫和避免人、畜地方病防治的位置。

1. 地势较高、排水方便

肉牛场应建在地势较高、背风向阳、地下水位较低，具有北高南低的缓坡，地势总体平坦的地方。不宜建在低凹处、风口处，以免排水困难，汛期积水及冬季防寒困难。

2. 土壤透水性好

土质以沙壤土为好。土质松软，透水性强，雨水、尿液不易积聚，雨后没有硬结、有利于牛舍及运动场的清洁与环境卫生干燥，有利于防止蹄病及其他疫病的发生。

3. 水源充足

肉牛牛场要备有充足的水质良好、不含毒物、合乎卫生要求的地上或地下水源，以保证肉牛生产、人员生活用水。

4. 草料丰富

肉牛饲养场因所需的饲草饲料用量大，场址宜建在距秸秆、青贮饲料和干草饲料资源较近，以保证草料供应，减少运费，降低成本。

5. 交通方便

在肉牛场正常经营中，会有出栏牛、育肥架子牛和大批饲草饲料的购入，粪肥的销售，运输量很大，来往频繁，有些运输要求风雨无阻。因此，肉牛场应考虑在交通便利的地方建场。

6. 便于卫生防疫

牛场最好远离主要交通道路，建在村镇工厂 1 000 米以外，交通道路 500 米以外。还要避开对肉牛场污染的屠宰、加工和工矿企业，特别是化工类企业。符合兽医卫生和环境卫生的要求，周围无传染源。最好周围 2 000 米内无工业污染源和村庄及公路主干线。

7. 避免人、畜地方病

人、畜地方病多因土壤或水质中缺乏或过多含有某种元素而引起。地方病对肉牛生长和肉质影响也很大，有些虽可防治，但势必会增加成本。因此，在建场前应对场址所在地进行地方病学调查，防止造成不应有的损失。

二、选址要求

第一，符合当地土地利用发展规划和村镇建设发展规划要求。

第二，场址的地势应高燥、平坦，在丘陵山地建场应选择向阳坡，坡度不超过20°。

第三，场区土壤质量符合《土壤环境质量标准》（GB 15618）的规定。

第四，水源充足，取用方便。每 100 头存栏牛每天需用水 20～30 立方米，水质应符合《生活饮用水卫生标准》（GB 5749）的规定。

第五，电力充足可靠，符合《工业与民用供电系统设计规范》（GBJ 52）的要求。

第六，满足建设工程需要的水文地质和工程地质条件。

第七，根据当地常年主导风向，场址应位于居民区及公共建筑群的下风向处。

第八，交通便利，场界距离交通干线不少于 500 米，距居民居住区和其他畜牧场不少于 1 000 米，距离畜产品加工场不少于 1 000 米。

第九，在水源保护区、旅游区、自然保护区、环境污染严重区、畜禽疫病常发区和山谷洼地等洪涝威胁地段不能建场。

第二节　牛场的规划布局

一、肉牛场的布局要求

肉牛场的规划和布局应本着因地制宜、科学管理的原则，以整齐紧凑，提高土地利用率和节约基建投资、经济耐用，有利于生产管理和防疫安全为目标。

1. 肉牛场建设项目

依规划大小决定牛场建设所需的项目。存栏 100 头以下的牛场，可因陋就简，牛的圈舍可利用分散空余的栅屋，休息可以用树荫，以降低成本。存栏 100 头以上有一定规模的肥育牛场，建设项目要求比较完善。主要建设设施包括：牛的棚舍，寒冷季节较长的地区要建四面有墙的牛舍，或三面有墙，另一面用塑料膜覆盖，较温暖地区可采用棚式建筑；休息地，喂料后供牛休息用，主要用围栏建筑；物料库，用于饲料及其他物品的贮藏；饲料调制间；水塔及泵房；地磅间；场区道路；堆粪场和贮粪池；绿化带；办公及生活用房等。

2. 肉牛场布局的基本原则

（1）生产区和生活区分开　是牛场布局的最基本的原则。生产区指饲养牛的设施及饲料加工、存放的地区；生活区指办公室、化验室、食堂、厨房、宿舍等。

（2）风向与流向　依据冬季和夏季的主风向分析，生活区要求避开与饲养区在同一条线上，生活区最好在主风口和水流的上游，而贮粪池和堆粪场应在下风口处和水流的下游处。

（3）牛棚舍方向　一般牛舍方向为长轴东西向（即坐北朝南），利用背墙阻挡冬季、春季的北风或西北风。在天气较寒冷的地方牛棚可长轴南北向，气温较温暖的地区一般长轴东西向。此外，在牛场的边缘地带应有一定数量的备用牛舍，供新购入牛的观察饲养及病牛的治疗。

（4）安全　牛场的安全主要包括防疫、防火等方面。为加强防疫，场界应明确，在四周建围墙，并种树绿化，以防止外来人员及其他动物进入场区。在牛场的大门处应设车辆消毒池、脚踏消毒池或喷雾消毒池、更衣间等设施。进入生产区的大门也应设脚踏消毒池。易引起火灾的堆草场应设在场区的下风口方向，而且离牛舍应有一定的距离。一旦发生火灾，不会威胁牛的安全。

牛场建设平面布局见图 3-1。

二、无公害肉牛场功能区布局

1. 生产区

牛舍、青贮饲料窖（壕）、粗饲料堆放地及加工处、精饲料堆放地及加工处、工具间。

2. 生活区

职工宿舍、职工食堂、职工医疗卫生点、停车场、娱乐场所、浴室等。

3. 办公区

办公大楼、银行储蓄所、邮政点、工商税务、维修部等。

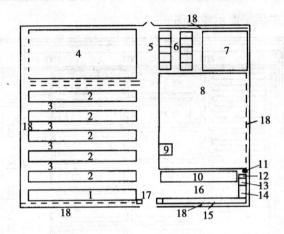

1. 观察牛舍；2. 肥育牛舍；3. 牛休息场；4. 粪场；5. 中央道路；6. 氨化池；
7. 青贮坑；8. 堆草场；9. 地磅；10. 物料库；11. 水塔；12. 泵房；
13. 配电室；14. 锅炉房；15. 办公、生活用房；16. 停车场；
17. 门卫；18. 绿化带

图 3 - 1　牛场建设布局平面示意

4. 配电室

5. 绿化带

占总建筑面积的 30% 左右。

6. 隔离区

隔离区是指病牛和健康牛之间的隔离区域，病牛隔离区距离健康牛舍 100 米以上。

7. 污染道（污道）

污道是指牛粪尿等废弃物运送出场的道路。

8. 清洁道（净道）

净道是指牛群周转、场内工作人员行走、场内饲料运输的专用道路。清洁道（净道）和污染道（污道）必须严格分开，避免或防止交叉污染或疾病的传染。

9. 牛粪堆放点

牛粪堆放点距离健康牛舍 100 米以上。

育肥牛场平面示意见图 3-2。

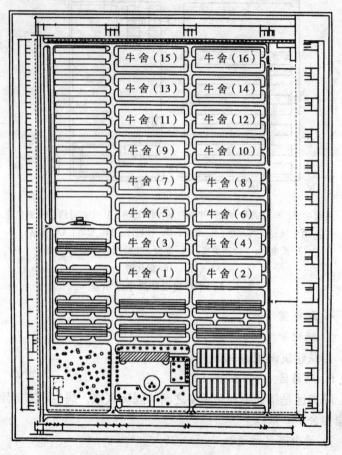

牛舍（15）　牛舍（16）

牛舍（13）　牛舍（14）

牛舍（11）　牛舍（12）

牛舍（9）　牛舍（10）

牛舍（7）　牛舍（8）

牛舍（5）　牛舍（6）

牛舍（3）　牛舍（4）

牛舍（1）　牛舍（2）

图 3-2　育肥牛场平面示意图

母牛饲养场平面示意见图 3-3、图 3-4。

图 3-3 母牛牛场一角

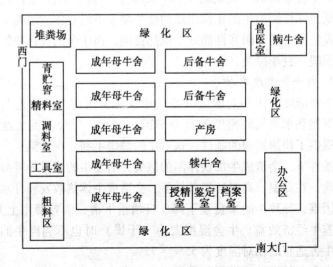

图 3-4 母牛牛场平面示意图

第三节 牛舍的建设

一、适宜肉牛的环境条件

营造适宜肉牛生活生产的环境，是获得肉牛高效益、低成本技术措施中十分重要的一个环节，这些环境条件包括温度、湿度、气流、光照、噪声、有毒有害气体等。

1. 肉牛舍温度要求

肉牛在生长发育过程中不间断地进行新陈代谢而产热，并维持体温的恒定，在适宜的外界温度范围内，牛的新陈代谢强度和产热量保持在生理的最低水平，这一温度范围就是牛的最适温度区。超出最适温度区牛就会有不适的表现：如高温可导致牛食欲不振、采食量锐减，抗病力下降，增重量下降，影响正常发情等。低温同样影响牛的正常生活而使牛增重下滑、体质消瘦、母牛不发情等。肉牛耐寒性能好于耐热性能，肉牛舍的设计要做到冬季温暖、夏季凉爽。

2. 肉牛舍湿度要求

牛舍湿度常用相对湿度（空气中实际含水蒸气的密度与同温度下饱和水蒸气的密度的百分率值）表示。牛舍湿度大给微生物提供了快速繁殖的条件，这对牛的健康不利。在低温、高湿环境条件下，会造成牛加快体温的散失，引发牛的感冒等呼吸系统疾病；在高温、高湿环境条件下，会造成牛体热散发和汗水蒸发的困难，导致牛的采食量下降、日增重下滑、饲养费用上升，影响养牛经济效益。牛舍湿度太小（干燥）时也不利肉牛的生活，牛舍适宜的相对湿度为55% ~75%。

肉牛舍的设计要做到冬季温暖、湿度小，夏季干燥、凉爽。

3. 肉牛舍通风要求

肉牛舍要求有较好的通风条件，便于牛体散热、保持体温及部分有毒有害气体的排除，但是风速不宜过大，尤其是产房及犊牛舍。北方冬季要防止贼风侵袭，肉牛舍的设计要做到通风良好，冬季无贼风。

4. 肉牛舍光照要求

光照对肉牛的作用一方面可以产生热效应，有利于防寒；紫外线照射皮肤可使皮肤和皮下脂肪中的 7 – 脱氢胆固醇转变为维生素 D，有利于钙的吸收；紫外线还具有消毒作用。光照对肉牛作用的另一方面是不利于牛的防暑，强烈的光照会影响牛的正常生活而导致生产力下降。

因此，肉牛舍的设计要做到冬季采光保暖、夏季防晒防暑。为此设计牛舍的走向为坐北朝南，南北墙设置窗户的大小、高低还要考虑地区，但要满足牛舍的采光系数：肉牛舍为 1：16；犊牛舍为 1：（10~14）。

5. 肉牛舍噪音指标

肉牛舍内噪音来自作业操作声、饲养管理人员的吆喝声，既然是人为所致，只能通过人们改进工作以减少噪音。肉牛舍噪音指标应低于肉牛场的指标，白天≤60 分贝，夜间≤50分贝。

6. 肉牛舍有毒有害气体

牛舍的有毒有害气体来源于牛粪尿（表 3 - 1），定时清除牛粪尿、定时强制通风和采用敞开式牛舍，以减少有毒有害气体对肉牛的侵袭。但是，在北方地区冬季使用防寒暖舍养牛时，排出有毒有害气体的方法之一是实行强制通风；方法之二是在牛舍南墙设通风口，通风口的位置应设在靠近粪尿沟处（白天打开塑料布通风，夜间关闭塑料布保温），因为有毒有害气体比空气重而下沉于牛舍靠近地面处，在牛舍顶部设通风口达不到排出有毒有害气体的目的。

表 3 - 1　牛舍中有害气体标准

牛舍类别	二氧化碳/%	氨/毫克/立方米	硫化氢/毫克/立方米	一氧化碳/毫克/立方米
成年牛舍	0.25	20	10	20
犊牛舍	0.15~0.25	10~15	5~10	5~15
育肥牛舍	0.25	20	10	20

资料来源：主要参考文献（资料）13

二、肉牛舍的类型

牛舍类型设计要求冬季防寒、防冻、防贼风；夏季防潮、防暑，通风良好。

1. 肉牛舍分类

肉牛舍按功能可分为种牛舍、母牛舍（空怀母牛舍、怀孕母牛舍、产房）、犊牛舍、青年牛舍、育成牛舍和育肥牛舍等；肉牛舍按外形可分为单列式牛舍（单列式半封闭牛舍、单列式全封闭牛舍）、双列式牛舍（双列式半封闭牛舍、双列式全封闭牛舍）、露天牛舍等；肉牛舍按屋顶类型可分为人字形、一面坡（南高北低、北高南低）、半钟楼式等。

2. 单列式牛舍

（1）单列式半封闭牛舍

①单列式半封闭围栏牛舍：通道在南，适合气温偏高地区；通道在北，适合气温偏低地区。单列式半封闭牛舍的面积，应根据地形确定其长度和宽度。单列式半封闭牛舍内每个围栏的面积以 40~60 平方米较好，养牛 10~15 头（图 3-5、图 3-6）。

②单列式半封闭拴系牛舍：通道在南，适合气温偏高地区；通道在北，适合气温偏低地区。

（2）单列式全封闭牛舍

①单列式全封闭围栏牛舍：通道在南，适合气温偏高地区；通道在北，适合气温偏低地区。

②单列式全封闭拴系牛舍：通道在南，适合气温偏高地区；

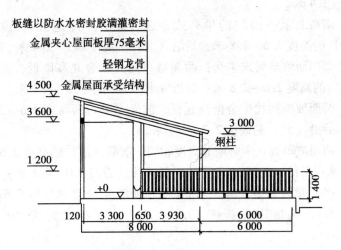

图3-5　南低北高单列式半封闭牛舍示意图（单位：毫米）

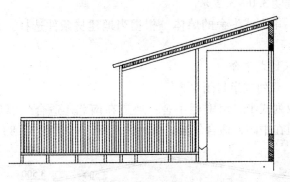

图3-6　南高北低单列式牛舍示意图

通道在北，适合气温偏低地区。

（3）单列式牛舍的坐向　均为坐北向南。

（4）单列式牛舍高度　单列式牛舍由于形式不同，高度不一样。

①一面坡单列式牛舍：北高南低一面坡的单列式牛舍（中部地区），前沿（南）的高度2.6～2.8米；后沿（北）的高度

3.2～3.4米。

南高北低一面坡的单列式牛舍（北方寒冷地区），前沿（南）的高度2.6～2.8米；后沿（北）的高度2.2～2.4米。

②两面坡单列式牛舍：两面坡单列式牛舍北高南低，前沿（南）的高度2.6～2.8米；后沿（北）的高度3.2～3.4米。

两面坡单列式牛舍南高北低，前沿（南）的高度2.6～2.8米；后沿（北）的高度2.2～2.4米。

两面坡单列式牛舍南北高度相同，前沿（南）的高度2.6～2.8米；后沿（北）的高度2.6～2.8米，脊高4.0～4.2米。

（5）单列式牛舍跨度　非机械作业跨度11.2米（棚舍跨度4.2米）；机械作业跨度13.0～13.2米（棚舍跨度8.0～8.2米）。

（6）单列式牛舍的通道宽度　非机械作业宽度1.2米；机械作业宽度3.0～3.2米。

（7）单列式牛舍的墙体　根据当地建材条件选择。北墙设窗户。

3. 双列式牛舍

（1）双列式半封闭牛舍

①双列式半封闭围栏牛舍：通道在南北，适合气温偏高地区；通道在中间，适合气温偏低地区（图3-7、图3-8）。

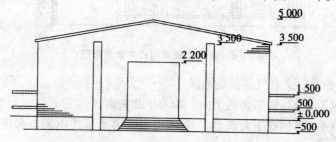

图3-7　双列式半封闭牛舍立面示意图（单位：毫米）

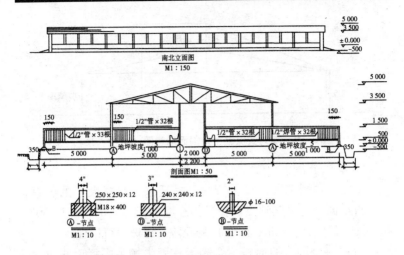

图 3 - 8　双列式半封闭牛舍示意图（单位：毫米）

②双列式半封闭拴系牛舍：通道在南北，适合气温偏高地区；通道在中间，适合气温偏低地区。

（2）双列式全封闭牛舍

①双列式全封闭围栏牛舍：通道在南北，适合气温偏高地区；通道在中间，适合气温偏低地区。

②双列式全封闭拴系牛舍：通道在南北，适合气温偏高地区；通道在中间，适合气温偏低地区。

（3）双列式牛舍高度　双列式牛舍前沿和后沿高度一样的为 3.2 ~ 3.4 米，双列式牛舍脊高 4.6 ~ 4.8 米。

（4）双列式牛舍跨度　非机械作业跨度 22.0 ~ 23.0 米（棚舍跨度 12.0 米）；机械作业跨度 24.0 ~ 24.2 米（棚舍跨度 13.0 ~ 13.2 米）。

（5）双列式牛舍的通道宽度　非机械作业宽度 2.0 米；机械作业宽度 3.0 ~ 3.2 米（图 3 - 9）。

（6）双列式保温牛舍　坐北朝南；南侧设计两处玻璃窗，以获得阳光的照射（图 3 - 9）。

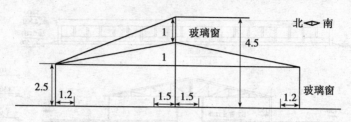

图 3 – 9　双列式保温牛舍剖面示意图（单位：米）

4. 露天牛舍

全露天育肥牛舍建设投资少、易迁移、规模大小的随意性大，占地面积大是其缺点。在我国经度 110° ~120°，纬度 30° ~40°地区（华北、东北、西北）的丘陵、缓坡地可以建。

（1）一个围栏的面积　全露天育肥牛场牛围栏面积可大可小，大的围栏面积可达 3 000 平方米，小的几百平方米；

（2）一个围栏养牛头数　按 15 平方米养牛 1 头计算；

（3）牛围栏排列（以东西排列为例）　从东向西设计 6 个（或 3、4、5 个）围栏为第一围栏区，分别为 1 号牛栏、2 号牛栏、3 号牛栏、4 号牛栏、5 号牛栏、6 号牛栏……

1 号牛栏的东侧设置饲料槽，因此，1 号牛栏东边为饲料车行走道；

1 号牛栏的西边和 2 号牛栏的东边相邻，间隔为 4 米，为牛的通道、排水道；

1 号牛栏从东向西倾斜（倾斜度 0.8% ~1.0%）；

2 号牛栏从西向东倾斜（倾斜度 0.8% ~1.0%）；

2 号牛栏的西侧设置饲料槽，因此，2 号牛栏西边为饲料车行走道；

3 号牛栏的东侧设置饲料槽，因此，3 号牛栏东边为饲料车行走道；

3 号牛栏的西边和 4 号栏的东边相邻，间隔为 4 米，为牛的通道、排水道；

3 号牛栏从东向西倾斜（倾斜度 0.8% ~ 1.0%）；

4 号牛栏从西向东倾斜（倾斜度 0.8% ~ 1.0%）；

4 号牛栏的西侧设置饲料槽，因此，4 号牛栏西边为饲料车行走道；

5 号牛栏的东侧设置饲料槽，因此，5 号牛栏东边为饲料车行走道；

5 号牛栏的西边和 6 号牛栏的东边相邻，间隔为 4 米，为牛的通道、排水道；

5 号牛栏从东向西倾斜（倾斜度 0.8% ~ 1.0%）；

6 号牛栏从西向东倾斜（倾斜度 0.8% ~ 1.0%）；

6 号牛栏的西侧设置饲料槽，因此 6 号牛栏西边为饲料车行走道；

如此设计，形成波浪式。

南北向的倾斜度为 0.6% ~ 0.7%，每个围栏的南端设计排水沟，排水沟流向牛通道。如果养牛数量较多，需要设计第二、第三甚至更多的围栏区。

（4）饮水槽　在每个围栏内设饮水槽一个（长 2 ~ 3 米），饮水槽高 0.8 ~ 1.0 米、宽 1.0 米，中间用铁管隔开，每侧宽 0.5 米，24 小时自动供水。

（5）解痒架　在每个围栏内设解痒架，用拖拉机的大轮胎（废轮胎）外壳，一分为二，在围栏内，高 1.2 ~ 1.3 米，牛可以自由摩擦解痒。

（6）地面　可将地面夯实。

（7）围栏栏杆　每隔 5 米有一根深埋的水泥柱（埋深 0.5 米），水泥柱上预制 4 ~ 6 个孔，用 φ12 ~ 14 的钢丝绳贯穿每个水泥柱而成围栏。

（8）食槽　牛食槽用 3 块预制水泥板拼接而成，每块板长 5 米、厚 0.06 米，外板（靠车道）宽 0.65 米，底板宽 0.6 米，里板宽 0.5 米，食槽上口宽 0.75 米。

三、牛舍朝向

牛舍的设计一般为坐北朝南。

1. 牛舍坐北朝南的优点

①冬季时阳光照射的时间长、获得阳光的面积大，有利于牛舍保温；夏季时可避免阳光直接照射，有利于牛舍防暑降温。

②夏季有利于通风，冬季有利于防风。

2. 牛舍坐北朝南的缺点

坐北朝南牛舍的缺点是限制了部分地块（如南北长、东西短的狭长地）建设牛舍。

四、牛舍地面

牛舍地面设计要求防滑、防潮、防硬。

1. 有顶棚牛舍地面

（1）水泥地面

①水泥地面的优点：水泥地面传热、吸热速度快；地面平整，外形美观；易清洗、易清除粪便；便于消毒、防疫；排水性能好；使用寿命长。

②水泥地面的缺点：水泥地面热反射效应强；冬季保温性能差；地面坚硬，易损伤牛的关节；易被粪尿腐蚀。

（2）立砖地面

①立砖地面的优点：立砖地面传热、吸热速度慢；冬季保温性能较好；热反射效应较小；较水泥地面软，有利保护牛的关节。

②立砖地面的缺点：立砖地面清洗、清除粪便不如水泥地面；消毒、防疫较水泥地面差；排水性能不如水泥地面；使用寿命短。

（3）三合土地面

①三合土地面的优点：三合土地面冬暖夏凉；地面软，有利于保护牛的关节；造价低。

②三合土地面的缺点：三合土地面不易清洗、不易清除尿

液；不便于消毒、防疫；排水性能差；易形成土坑；使用寿命短。

（4）木板地面

①木板地面的优点：木板地面冬暖夏凉；地面软，有利于保护牛的关节；牛较舒适。

②木板地面的缺点：木板地面造价高，一次性投资量大；使用寿命较短。

（5）增加牛舍地面的干燥程度 采用在牛舍周边挖水沟可以达到目的，水沟深 1.5 米、宽 2 米。在牛舍周边挖水沟还可以达到省围墙、防盗、防牛逃跑、有利于环境保护等目的。

（6）地面坡度 水泥地面、立砖地面、三合土地面自牛食槽至粪尿沟的坡度为 1% ~ 1.5%。

2. 无顶棚牛舍地面

草地或将地面夯实。

五、牛舍顶棚

用于育肥牛舍顶棚的材料较多，有水泥瓦、砖瓦、彩钢板、瓦楞铁板，各有优缺点。

1. 水泥瓦顶棚

（1）水泥瓦顶棚的优点 水泥瓦顶棚结实，使用寿命较长；牛舍顶棚较厚；冬暖夏凉。

（2）水泥瓦顶棚的缺点 水泥瓦顶棚使用建筑材料较多，成本较高。

2. 砖瓦顶棚

（1）砖瓦顶棚的优点 砖瓦顶棚结实，使用寿命较长；牛舍顶棚较厚；冬暖夏凉。

（2）砖瓦顶棚的缺点 砖瓦顶棚建筑材料较多，成本较高。

3. 彩钢板顶棚

（1）彩钢板顶棚的优点 彩钢板顶棚外形美观大方、有档次；施工便捷。

（2）彩钢板顶棚的缺点　彩钢板顶棚造价高；易老化，使用寿命较短；热辐射大，夏季棚下温度高，冬季保温稍差；抗风力稍差。

4. 瓦楞铁顶棚

（1）瓦楞铁顶棚的优点　瓦楞铁顶棚不易老化，使用寿命长；外形美观大方、有档次；施工便捷。

（2）瓦楞铁顶棚的缺点　瓦楞铁顶棚造价高；热辐射大，夏季棚下温度高，冬季保温稍差；抗风力稍差。

六、牛舍食槽

制造育肥牛舍食槽的材料多种多样，各地可因地制宜选材用材。但是，制作时必须做到食槽底不能有死角（为"U"字形），育肥牛食槽尺寸如图3－10所示。

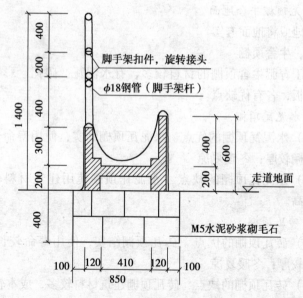

图3－10　食槽示意图（单位：毫米）

七、牛舍饮水槽

1. 铁板饮水槽

2. 水泥饮水槽

铁板饮水槽、水泥饮水槽的尺寸为：长 600 毫米、宽 400 毫米、高 250 毫米。铁板饮水槽、水泥饮水槽均有进水口和卸水口，进水口设在饮水槽的上方或侧面，其高度应与饮水槽的水面一致。卸水口设在饮水槽的底部，用活塞堵截。铁板或水泥饮水槽的位置大多设在排水沟周边，以保持牛舍的干燥。

3. 碗式饮水器

碗式饮水器由水盆、压水板、顶杆、出水控制阀、自来水管等组成。当牛鼻接触压水板时，通过顶杆打开出水控制阀，向水盆供水；当牛鼻脱离压水板，出水控制阀关闭，停止供水。碗式饮水器设计简单、易制造、易维修、造价便宜，长江以南地区可常年使用，寒冷的北方地区只能在温暖季节使用。碗式饮水器的位置大多设在食槽周边。如图 3 - 11 所示。

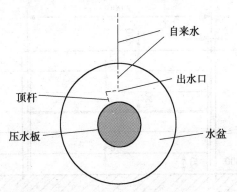

图 3 - 11　碗式饮水器示意图

八、牛舍围栏栏栅

单列式、双列式牛舍围栏面积不同，因此，栏栅的大小有异，但栏栅的间距相同。单列式、双列式育肥牛牛舍围栏栅尺寸：长度5米、高度1.4米；栏栅的间距0.15~0.16米。

九、围栏门

围栏门宽1.2米、高1.4米；围栏门栏栅间距和牛舍围栏栅间距尺寸相同。

十、拴牛点

育肥牛拴系饲养时，每头牛拴在固定的点上，两头牛间的距离为2米，育肥牛拴牛点尺寸如图3-12、图3-13所示。

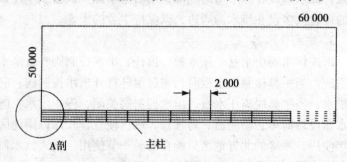

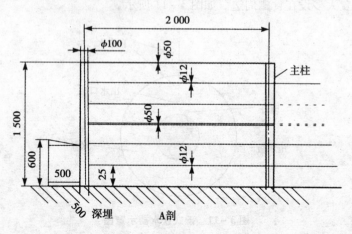

图3-12 拴牛栏示意图（单位：毫米）

十一、建筑结构

多为：①钢筋水泥结构。②砖（石）木（竹）结构。

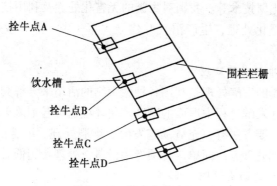

图 3 – 13　拴牛点示意图

十二、建筑材料

不论何种形式牛舍的建筑材料都应因地制宜选材，选材的原则是坚固耐用、价格便宜、取材方便。

第四节　牛场的环境保护与粪便处理

肉牛生产过程中排出大量废弃物粪便、污水、甲烷、二氧化碳等。2001 年国家环保总局发布《畜禽养殖业污染物排放标准》（GB 18596—2001）。因此，养牛场的粪污处理要引起足够的重视，目前，对养牛场粪污处理的基本原则是：养牛生产所有的废弃物不能随意弃置于土壤、河道而酿成公害，应加以适当的处理，合理利用并尽可能在场内或就近处理解决。

牛粪和污水通过理化及生物作用，其中，微生物可被杀死，各种有机物逐渐分解，变成植物可以吸收利用的养分。

一、牛粪的处理方法

畜粪的处理技术包括好氧处理（氧化塘）、厌氧消化处理和高温发酵处理。我国已具有一系列粪污处理综合系统：粪污固液分离技术（包括前分离和后分离）；厌氧发酵生物技术；好氧曝气技术；沼气净化和利用技术；沼渣沼液生产复合有机肥技术；

生物氧化塘技术等。我国对牛粪的无害化处理及利用技术研究有牛粪堆肥化处理，生产沼气并建立"草—牛—沼"生态综合利用系统等。

1. 堆肥发酵处理

牛粪的发酵处理是利用各种微生物的活动来分解粪中的有机成分，在发酵过程中形成的特殊理化环境也可基本杀灭粪中的病原体。主要方法有：充氧动态发酵、堆肥处理、堆肥药物处理，其中堆肥处理方法简单，无须专用设备，处理费用低。

2. 牛粪的有机肥加工

牛粪的有机肥处理为养殖场创造极其优良的牧场环境，实现优质、高效、低耗生产，可改善产品质量，提高生产效益。利用微生物发酵技术，将牛粪便经过多重发酵，使其完全腐熟，彻底杀死有害病菌，使粪便成为无臭、完全腐熟的活性有机肥，从而实现牛粪便的资源化、无害化、无机化；同时，解决了肉牛场因粪便所产生的环境污染。所生产的有机肥，广泛应用于农作物种植、城市绿化以及家庭花卉种植等。

牛粪有机肥生产工艺如下。

牛粪便原料收集于发酵车间内→接种微生物发酵剂→通氧发酵→脱臭、脱水→加入配料，平衡氮磷钾→粉碎→包装（粉状肥）→造粒→包装（颗粒肥）。

3. 生产沼气

利用牛粪有机物在高温（35～55℃）、厌氧条件下经微生物（厌氧细菌，主要是甲烷）降解成沼气，同时，杀灭粪水中大肠杆菌、蠕虫卵等。产生的沼气作生活能源，残渣又可作肥料。除严寒地区外我国各地都有用沼气发酵开展粪尿污水综合利用的成功经验。我国北方冬季为了提高产气率往往需给发酵罐加热，主要原因是沼气发酵在15～25℃时产气率极低，从而加大沼气成本。

4. 蚯蚓养殖综合利用

利用牛粪养殖蚯蚓可形成养牛→牛粪养蚯蚓→生产绿色生态肥料蚯蚓粪→促进农作物生产的良好生态链。在日本、美国、加拿大、法国等许多国家先后建立不同规模的蚯蚓养殖场。我国目前已广泛进行人工养殖试验和生产。

二、污水的处理与利用

随着养牛业的高速发展和生产效率的提高，养牛场产生的污水量也大大增加，这些污水中含有许多腐败有机物，也常带有病原体，若不妥善处理，就会污染水源、土壤等环境，并传播疾病。

养牛场污水处理的基本方法有物理处理法、化学处理法和生物处理法。这三种处理方法单独使用时均无法把养牛场高浓度的污水处理好，要采用综合系统处理。

1. 物理处理法

物理处理法是利用物理作用，将污水中的有机污染物质、悬浮物、油类及其他固体物分离出来，常用方法有：固液分离法、沉淀法、过滤法等。固液分离法首先将牛舍内粪便清扫后堆好，再用水冲洗，这样既可减少用水量，又能减少污水中的化学耗氧量，给后段污水处理减少许多麻烦。

利用污水中部分悬浮固体其密度大于1的原理使其在重力作用下自然下沉，与污水分离，此法称为沉淀法。固形物的沉淀是在沉淀池中进行的，沉淀池有平流式沉淀池和竖流式沉淀池两种。

过滤法主要是使污水通过带有孔隙的过滤器使水变得澄清的过程。养牛场污水过滤时一般先通过格栅，用以清除漂浮物（如草末、大的粪团等）之后进入滤池。

2. 化学处理法

是根据污水中所含主要污染物的化学性质，用化学药品除去污水中的溶解物质或胶体物质，如混凝沉淀，用三氯化铁、硫酸铝、硫酸亚铁等混凝剂，使污水中的悬浮物和胶体物质沉淀而达到净化目的。

3. 生物处理法

生物处理法是利用微生物分解污水中的有机物的方法。净化污水的微生物大多是细菌，此外还有真菌、藻类、原生动物等。该法主要有氧化塘、活性污泥法、人工湿地处理。

（1）氧化塘法　亦称生物塘，是构造简单、易于维护的一种污水处理构筑物，可用于各种规模的养殖场。塘内的有机物由好氧细菌进行氧化分解，所需氧由塘内藻类的光合作用及塘的再曝气提供。氧化塘可分为好氧、兼性、厌氧和曝气氧化塘。氧化塘处理污水时一般以厌氧—兼氧—好氧氧化塘连串成多级的氧化塘，具有很高的脱氮除磷功能，可起到三级处理作用。

氧化塘优点是土建投资少，可利用天然湖泊、池塘，机械设备的能耗少，有利于废水综合作用。缺点是受土地条件的限制，也受气温、光照等的直接影响，管理不当可滋生蚊蝇，散发臭味而污染环境。

（2）活性污泥法　由无数细菌、真菌、原生动物和其他微生物与吸附的有机物、无机物组成的絮凝体称为活性污泥，其表面有一层多糖类的黏质层，对污水中悬浮态和胶态有机颗粒有强烈的吸附和絮凝能力。在有氧时其中的微生物可对有机物发生强烈的氧化和分解。

传统的活性污泥需建初级沉淀池、曝气池和二级沉淀池。即污水—初级沉淀池—曝气池—二级沉淀池—出水，沉淀下来的污泥—部分回流入曝气池，剩余的进行脱水干化。

（3）人工湿地处理　采用湿地净化污物的研究起始于 20 世纪 50 年代。湿地经精心设计和建造，粪污慢慢流过人工湿地，通过人工湿地的植被、微生物和碎石床生物膜，将污水中的化学耗氧量（COD）、生化需要量（BOD）、氮、磷等消除，使污水得以净化。目前国内外已开始应用天然湿地和人造湿地处理污水

（图 3 - 14）。

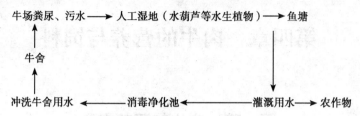

图 3 - 14　牛场粪尿人工湿地处理示意图

几乎任何一种水生植物都适合于湿地系统，最常见的有水葫芦、芦苇、香蒲属和草属。某些植物如芦苇和香蒲的空心茎还能将空气输送到根部，为需氧微生物提供氧气。

三、粪便污水的综合生态工程处理——"人工生态工程"技术

工程由沉淀池—氧化池—漫流草地—养鱼塘等组成。通过分离器或沉淀池将牛粪尿、污水进行固体与液体分离，其中，固体作为有机肥还田或作为食用菌培养基，液体进入沼气厌氧发酵池。通过微生物—植物—动物—菌藻的多层生态净化系统，使污水污物净化到国家排放标准时可排放到江河或用于冲刷牛舍等。

第四章　肉牛的营养与饲料

第一节　肉牛的营养需要

肉牛为了维持生命活动、生长发育、生产和繁衍后代，需要大量的营养物质，主要包括水分、能量、蛋白质、矿物质和维生素等。

一、肉牛对干物质的需要

肉牛干物质进食量（DMI）受体重、增重速度、饲料能量浓度、日粮类型、饲料加工、饲养方式和气候因素的影响。

根据国内的各方面试验和测定资料总汇得出，日粮代谢能浓度在 8.4～10.5 兆焦/千克干物质时，生长育肥牛的干物质需要量的计算公式为：

DMI（千克）$= 0.062W^{0.75} + (1.529\,6 + 0.003\,71 \times W) \times G$

式中：$W^{0.75}$ 为代谢体重（千克），即体重的 0.75 次方；W 为体重（千克）；G 为日增重（千克）。

妊娠后半期母牛供参考的干物质进食量为：

DMI（千克）$= 0.062W^{0.75} + (0.790 + 0.005\,587 \times t)$

式中：$W^{0.75}$ 为代谢体重（千克），即体重的 0.75 次方；W 为体重（千克）；t 为妊娠天数（天）。

哺乳母牛供参考的干物质进食量为：

DMI（千克）$= 0.062W^{0.75} + 0.45FCM$

式中：$W^{0.75}$ 为代谢体重（千克），即体重的 0.75 次方；W 为体重（千克）；FCM 为 4% 乳脂标准乳预计量（千克）。

二、肉牛对粗纤维的需要

为了保证肉牛的日增重和瘤胃正常发酵功能，日粮中粗饲料应占40%～60%，含有15%～17%的粗纤维（CF），19%～21%的酸性洗涤纤维（ADF），25%～28%的中性洗涤纤维。并且日粮中中性洗涤纤维（NDF）总量的75%必须由粗饲料来提供。

三、肉牛对能量的需要

我国将肉牛的维持和增重所需要的能量统一起来采用综合净能表示，并以肉牛能量单位（RND）表示能量价值。

饲料的综合净能（$NEmf$，兆焦/千克）$= DE \times$［（$Km \times Kf \times 1.5$）/（$Kf + Km \times 0.5$）］

$Km = 0.1875 \times$（DE/GE）$+ 0.4579$（$n = 15$，$r = 0.9552$）

$Kf = 0.5230 \times$（DE/GE）$+ 0.00589$（$n = 15$，$r = 0.9999$）

式中：DE 为消化能（兆焦）；GE 为总能（兆焦）；Km 为消化能转化为维持净能的效率；Kf 为消化能转化为增重净能的效率；1.5 为生产水平（APL）。

$APL =$（$NEm + NEg$）$/NEm$

肉牛能量单位（RND）是以1千克中等玉米所含的综合净能值8.08兆焦为一个肉牛能量单位，即 $RND = NEmf$（兆焦）/8.08（Ⅲ）。

一、生长育肥牛的能量需要

1. 维持需要

全舍饲、中立温度、有轻微活动和无应激的环境条件下，维持净能（NEm）需要为：

NEm［兆焦/（头·天）］$= 0.322$ 体重（千克）$^{0.75}$ 当气温低于12℃时，每降低1℃，维持能量需要增加1%。

2. 增重的净能需要

NEg［兆焦/（头·天）］$=$［$2.092 + 0.0251 \times$ 体重（千克）］$\times$ 日增重（千克）$\div$［$1 - 0.3 \times$ 日增重（千克）］

3. 生长育肥肉牛的综合净能（*NEmf*）需要

即：$NEmf$［兆焦/（头·天）］＝｛0.322 体重（千克）0.75＋［2.092＋0.025 1×体重（千克）］×日增重（千克）÷［1－0.3×日增重（千克）］｝×F

F 为不同体重和日增重的肉牛综合净能需要的校正系数，见表 2－1。

二、母牛的能量需要

1. 肉用生长母牛的能量需要

肉用生长母牛的维持净能需要为：0.322×体重 0.75［兆焦/（头·天）］，增重净能需要按照生长育肥牛的 110%计算。

2. 怀孕后期母牛的能量需要

维持净能：

NEm［兆焦/（头·天）］＝0.322 体重（千克）0.75 胎儿增重所需净能。

不同妊娠天数（t）、每千克胎增重需要的维持净能为：

NEm［兆焦/（头·天）］＝0.197 69×t 11.761 22

不同妊娠天数（t）、不同体重（*W*）母牛的胎日增重：

Gw（千克）＝（0.008 79t－0.854 54）×（0.143 9＋0.000 355 8*W*）

怀孕后期母牛的综合净能需要为：

$NEmf$［兆焦/（头·天）］＝［0.322$W^{0.75}$＋（0.008 79t－0.854 54）×（0.143 9＋0.000 355 8*W*）×（0.197 69×t－11.761 22）］×F

3. 哺乳母牛的能量需要

泌乳期每增加 1 千克体重需要产奶净能 25.1 兆焦。减重用于产奶的利用率为 82%，故每减重 1 千克能产生 20.59 兆焦产奶净能，即产 6.56 千克标准乳。干奶期母牛增重（不含胎儿）每千克则需 33.5 兆焦产奶净能。

表4-1　不同体重和日增重的肉牛综合净能需要的校正系数（MJ/MJ）

体重/千克	日增重/千克											
	0	0.3	0.4	0.5	0.6	0.7	0.8	0.9	1.0	1.1	1.2	1.3
150~200	0.85	0.96	0.965	0.97	0.975	0.978	0.988	1	1.02	1.04	1.06	1.08
225	0.864	0.974	0.979	0.984	0.989	0.992	1.002	1.014	1.034	1.054	1.074	1.094
250	0.877	0.987	0.992	0.997	1.002	1.005	1.015	1.027	1.047	1.067	1.087	1.107
275	0.891	1.001	1.006	1.011	1.016	1.019	1.029	1.041	1.061	1.081	1.101	1.121
300	0.904	1.014	1.019	1.024	1.029	1.032	1.042	1.054	1.074	1.094	1.114	1.134
325	0.91	1.02	1.025	1.03	1.035	1.038	1.048	1.06	1.08	1.1	1.12	1.14
350	0.915	1.025	1.03	1.035	1.04	1.043	1.053	1.065	1.085	1.105	1.125	1.145
375	0.921	1.031	1.036	1.041	1.046	1.049	1.059	1.071	1.091	1.111	1.131	1.151
400	0.927	1.037	1.042	1.047	1.052	1.055	1.065	1.077	1.097	1.117	1.137	1.157
425	0.93	1.04	1.045	1.05	1.055	1.058	1.068	1.08	1.1	1.12	1.14	1.16
450	0.932	1.042	1.047	1.052	1.057	1.06	1.07	1.082	1.102	1.122	1.142	1.162
475	0.935	1.045	1.05	1.055	1.06	1.063	1.073	1.085	1.105	1.125	1.145	1.165
500	0.937	1.047	1.052	1.057	1.062	1.065	1.075	1.087	1.107	1.127	1.147	1.167

四、肉牛对蛋白质的需要

（一）生长育肥牛的粗蛋白质需要

1. 维持需要

粗蛋白质［克（头·天)］ $=5.5 \times W^{0.75}$

2. 增重需要

粗蛋白质［克/（头·天)］ $= G \times (168.07 - 0.168\,69W + 0.000\,163\,3W^2) \times (1.12 - 0.123\,3G) \div 0.34$

式中：G 为日增重（千克）；W 为体重（千克）。

3. 生长育肥牛的粗蛋白质需要 = 维持需要 + 增重需要

即：$5.5 \times W^{0.75} + G \times (168.07 - 0.168\,69W + 0.000\,163\,3W^2) \times (1.12 - 0.123\,3G) \div 0.34$

（二）繁殖母牛的粗蛋白质需要

（1）维持需要 粗蛋白质［克（头·天)］ $= 4.6 \times W^{0.75}$

（2）怀孕后期母牛的粗蛋白质需要 在维持需要的基础上，怀孕第 6~9 个月，每日每头分别增加粗蛋白质 77 克、145 克、255 克和 403 克。

（3）哺乳母牛的粗蛋白质需要 在维持需要的基础上，按每千克标准乳（FCM 乳脂率 4%）需要粗蛋白质 85 克来提供粗蛋白质。即：

标准乳（FCM）$= (0.4 + 15 \times$ 乳脂率%）$\times$ 鲜奶产量（千克）

粗蛋白质需要 $= 4.6 \times W^{0.75} + 85 \times FCM$

五、肉牛对矿物质的需要

（一）常量矿物质

肉牛对常量元素需要量较大，体组织内含量高。包括钙、磷、钠、氯、钾、镁和硫。在计量时多用克（克）来表示，计算日粮结构时用百分比。

1. 钙

肉牛在十二指肠吸收饲料钙，主要用于合成骨骼、牙齿和牛奶，参与神经传导，维持肌肉正常兴奋性。犊牛缺乏钙易形成佝偻病，成年牛缺乏易形成骨软症，并出现明显的啃石头、舔土等异食现象。但钙过量会影响日增重和对镁与锌的吸收。肉牛对钙的需要量为：

钙［克／（头·天）］＝［0.015×体重（千克）＋0.071×日增重蛋白质（克）＋1.23×日产奶量（千克）＋0.137×日胎儿生长（克）］÷0.5

日增重蛋白质（克）＝［268－29.4增重净能/增重］×日增重（克）

粗饲料的含钙量高于精饲料，以粗饲料为主的肉牛一般不易缺钙，但喂秸秆时易缺乏，因秸秆中的钙不易被吸收，对以精料为主的育肥肉牛，应注意补充钙。可用碳酸钙、石粉、磷酸氢钙等补充。

2. 磷

肉牛体内的磷主要存在于骨骼、大脑、肌肉、肝脏和肾脏中，是磷脂、核酸和酶的组成成分，参与体内能量代谢。肉牛缺乏磷生长缓慢，食欲不振，饲料利用效率下降，异食癖，繁殖率下降，甚至死亡。磷过量易造成尿结石。肉牛对磷的需要量为：

磷［克／（头·天）］＝［0.028×体重（千克）＋0.039×日增重蛋白质（克）＋0.95×日产奶量（千克）＋0.007 6×日胎儿生长（克）］÷0.85

日增重蛋白质（克）＝［268－29.4增重净能/增重］×日增重（克）

磷的主要来源为磷酸氢钙、脱氟磷酸盐、磷酸钠等。注意钙磷比例，一般为（1.5～2）∶1。

3. 钠和氯

肉牛体内的钠主要用于维持渗透压、酸碱平衡和体液平衡，参与氨基酸转运、神经传导和葡萄糖的吸收。氯是激活淀粉酶的因子，胃酸的组成成分，参与调节血液酸碱性。钠和氯一般用食盐来补充，缺乏时肌肉萎缩，食欲不振，牛互相舔，出现异食癖

（吃土、塑料、石块、喝尿等）。

根据牛对钠的需要量占日粮干物质进食量的 0.06% ～ 0.10% 计算，日粮含食盐 0.15% ～ 0.25% 即可满足钠和氯的需要。植物性饲料含钠低，含钾量高，青粗饲料更为明显，钾能促进钠的排出，放牧牛的食盐需要量高于饲喂干饲料的牛，饲喂高粗料日粮的耗盐量高于高精料日粮。

夏天食盐量可略高，冬天食盐量不宜增加，因为吃盐多，饮水量会增加，冬天水温低，多饮冷水会降低瘤胃功能，而且把冷水升温到体温会大量增加能量消耗，例如，1 千克水从 10℃ 升高到体温（38.5℃）消耗能量 0.119 兆焦。饮水充足时，饮水食盐超过 2.5%，日粮含盐量超过 9%，牛会出现中毒。

高水平的食盐可使乳房肿胀加剧，使乳汁含盐量增加变咸，增加肾脏负担，牛体水肿，水代谢失调促发水毒症，以致危及牛的生命。

4. 钾

钾能维持机体正常渗透压，调节酸碱平衡，控制水的代谢，为酶提供有利于发挥作用的环境。缺乏时食欲下降，饲料利用率降低，生长缓慢。钾过量会影响镁的吸收。一般肉牛对钾的需要量为日粮干物质的 0.65%。热应激时，钾的需要量增加，约为日粮干物质的 1.2%。最高耐受量为日粮干物质的 3%。粗饲料含钾丰富，只有饲喂高精料日粮的肉牛才需要补充钾，一般采用氯化钾补充。

5. 镁

镁在神经肌肉传导中起重要作用，是许多酶的激活剂。缺镁会使牛发生抽搐症，食欲不振，饲料养分消化率下降，镁与磷缺乏，还会使乳汁呈酒精阳性，乳汁变稀。肉牛镁的适宜需要量为日粮干物质的 0.1%。犊牛每千克体重需镁量为 12 ～ 16 毫克，按日粮干物质计算，为 0.07% ～ 0.1%。日粮干物质含镁量超过 0.4%，就会出现镁中毒，表现为腹泻，增重下降，呼吸困难。

早春和晚冬季节的青草与枯草中含镁量低，若此时放牧易缺镁，发生抽搐症。镁的来源有碳酸镁、氧化镁和硫酸镁等。

6. 硫

硫是某些蛋白质、维生素和激素的组成成分，参与蛋白质、脂肪和碳水化合物的代谢。瘤胃微生物合成菌体蛋白和 B 族维生素都需要硫。瘤胃菌体可利用无机硫（硫酸钠）合成含硫氨基酸（蛋氨酸、胱氨酸），进而合成菌体蛋白质。肉牛缺乏硫时食欲下降，唾液分泌增加，瘤胃微生物对乳酸的利用率降低，眼神发呆，消化率下降，增重缓慢，产奶量下降。肉牛硫的需要量约为日粮干物质的 0.1%。硫水平过高也会降低饲料进食量，并给泌尿系统造成过重负担，且干扰硒和铜的代谢。肉牛日粮中添加硫酸钠、硫酸钙、硫酸钾和硫酸镁时能够维持其最适的硫平衡。保持肉牛最大饲料进食量的适当氮硫比为（10～12）：1。

（二）微量矿物质

肉牛对微量元素的需要量小，但为机体生理功能所必需。微量元素通常以毫克/千克来表示，在牛体内的含量也可以这样表示。微量元素包括：铁、铜、钴、锰、锌、碘、硒、钼、铬和硅 10 种元素。

1. 铁

铁是血红蛋白、肌红蛋白、细胞色素和其他酶系统的必需成分，在将氧运输到细胞的过程中起重要作用。缺铁会使犊牛生长强度下降，出现营养性贫血、异食、皮肤和黏膜苍白，舌乳头萎缩，日增重下降。一般每千克日粮干物质中含铁量为 50～100 毫克就能满足肉牛的需要（犊牛和生长牛为 100 毫克，成年牛为 50 毫克）。

犊牛出生后仅喂初乳和全乳，不补饲粗料或犊牛料，几周后就会发生缺铁性贫血，使生长速度和饲料转化率下降，加喂含铁量 40 毫克/千克的犊牛料可预防贫血，但日增重 1 千克以上则要含铁 80～100 毫克/千克。可用硫酸亚铁、氯化亚铁、硫酸铁等补充。在应激条件下铁的需要量可提高到 90～160 毫克/千克。成年牛采食大量优质粗精料，一般很少缺铁。肉牛对铁的最大耐受量为 1 000 毫克/千克。过量的铁会引起中毒，表现为腹泻、体温过高、代谢性酸中毒、饲料进食量和增重下降。

2. 铜

铜参与血红蛋白的合成、铁的吸收，是许多酶的组成成分，如制造血细胞的辅酶。肉牛缺铜会发生缺铜性营养性贫血，表现为被毛粗糙、褪色，全身被毛变成灰色。严重缺乏会引起脱毛、下痢，体重下降，生长停滞，四肢骨端肿大，骨骼脆弱，经常导致肋骨、股骨、肱骨复合性骨折；关节僵硬，可导致老牛的"对侧步"步态；发情率低或延迟，繁殖性能下降，难产和产后恢复困难；犊牛缺铜，出生时便为先天性佝偻病，心脏衰弱而造成疾病或突然死亡等。

肉牛对铜的需要量为 4～10 毫克/千克，但铜与钼互相拮抗，高铜可使牛对钼的需要量增加，最佳铜钼比为(4～5)：1，若小于 3：1 时，铜的含量又为 6 毫克/千克，牛将表现出铜缺乏症。在应激条件下铜的需要量为 40～90 毫克/千克。饲料中常用的铜添加剂主要是硫酸铜、碳酸铜和氧化铜。近年来生产的氨基酸铜（赖氨酸铜和蛋氨酸铜），比无机铜稳定，不潮解，适口性好，利于吸收，生物利用效率比氧化铜高 4 倍。国内多数地区的肉牛日粮都缺铜，尤其土壤中铜缺乏的地区。

3. 锌

锌广泛分布于牛体各种组织中，肌肉、皮毛、肝脏、成牛公牛的前列腺及精液中均含有锌。锌与被毛生长、组织修复、繁殖机能密切相关，是有关核酸代谢、蛋白质合成、碳水化合物代谢的 30 多种酶系统的激活剂和构成成分。肉牛缺锌后生长发育停滞，饲料进食量和利用率下降，精神委靡不振，蹄肿胀并有开放性、鳞片状损害，脱毛，大面积皮炎，后肢、颈部、头与鼻孔周围尤其严重，并有角化不全和伤口难以愈合等症状。另外，缺乏锌还会影响到牛肉的风味。1988年，美国的全国研究理事会饲养标准规定肉牛对锌的需要量为20~40毫克/千克，但缺锌的牛日粮中添加100~160毫克/千克的锌，可迅速改善牛的缺锌症状，在3~4周内校正皮肤的损害与其他症状。饲料中常用的含锌添加剂为硫酸锌、氧化锌、氯化锌和碳酸锌。目前，最好的补锌产品是氨基酸螯合锌。

4. 锰

牛体内锰主要存在于骨骼、肝、肾等器官和组织中。锰的功能是维持大量酶的活性，如水解酶、激素酶和转移酶的活性。肉牛的繁殖、生长和代谢都需要锰元素。锰还对中枢神经系统发生作用。一般饲料中含锰量低，锰的吸收利用率低，故在肉牛日粮中添加锰是必需的。缺锰使牛的生长速度下降，骨骼变形，关节变大，僵硬，腿弯曲，繁殖机能紊乱或下降，新生犊牛畸形，怀孕母牛流产。肉牛对锰的需要量为20~50毫克/千克，在应激条件下可达90~140毫克/千克，在生产条件下为40~60毫克/千克；0~6月龄犊牛为30~40毫克/千克。当日粮中钙和磷的比例上升时，对锰的需要量增加。日粮中若缺锰可用硫酸锰、碳酸锰、氯化锰补充，近年已有氨基酸螯合锰，利用效率更高，可用于肉牛的日粮中。

5. 钴

肉牛的瘤胃微生物需要利用钴合成维生素 B_{12}，肉牛对钴的需要实际上是微生物对钴的需要。进食的钴约有3%被转化成维生素 B_{12}，而合成的维生素 B_{12} 仅有1%~3%被牛吸收利用。日粮中钴的吸收率在20%~95%。

肉牛日粮中的钴用于合成维生素 B_{12} 后主要参与体内甲基和酶的代谢。体内贮存的钴不能参与微生物合成维生素 B_{12}，只有日粮中提供钴才能保证微生物合成维生素 B_{12} 的需要。牛对钴的需要量为0.07~0.11毫克/千克；生产条件下为0.5~1毫克/千克；应激情况下为2~4毫克/千克。缺乏时会妨碍丙酸的代谢，使丙酸不能转化为葡萄糖。肉牛出现食欲降低，精神委靡，生长发育受阻，体重下降，消瘦，被毛粗糙，贫血，皮肤和黏膜苍白，甚至死亡。硫酸钴、磷酸钴和氯化钴均可用做牛的有效添加剂，也可使用钴化食盐。

6. 碘

碘的主要功能是合成甲状腺激素，甲状腺激素能够调节机体的能量代谢。饲喂含碘化合物还可预防牛的腐蹄病。一般碘需要量为日粮干物质的 0.5 毫克/千克，范围为 0.2~2.0 毫克/千克，应激条件下则为 1.5~3 毫克/千克。肉牛缺碘时甲状腺肿大。长期缺碘能导致增重降低，生长发育受阻，消瘦和繁殖机能障碍。饲喂羽衣甘蓝、油菜、芜菁、生大豆粕、菜籽饼、棉籽粕等饲料，会使肉牛出现缺碘症，引起甲状腺肿大。此时，应增加饲料中碘的用量。碘化钾、碘酸钙和含碘食盐是肉牛的适宜添加剂。若长期饲喂含碘量高达 50~100 毫克/千克的日粮，牛会发生碘中毒。其症状是：流泪，唾液分泌量多，流水样鼻涕，气管充血并引起咳嗽。同时血液中碘浓度上升，大量碘由粪尿中排出，故生产中要防止碘中毒。

7. 硒

硒是谷胱甘肽过氧化物酶的成分，能预防犊牛的白肌病和繁殖母牛的胎衣不下。我国土壤、水中缺硒的地区较多。缺硒地区的肉牛日粮中必须补充硒，否则会出现硒缺乏症，主要是发生白肌病，也称肌肉营养不良，一般多发生于犊牛。患有白肌病的小牛在心肌和骨骼肌上具有白色条纹、变性和坏死。在缺硒（小于 0.05 毫克/千克）的日粮中补充维生素 E 和硒，可防止胎衣不下，减少子宫炎的发病率。

1988 年美国国家研究委员会确定牛对硒的需要量为饲料干物质的 0.1 毫克/千克，范围为 0.05~0.3 毫克/千克，最大耐受水平为 2 毫克/千克。生长于高硒地区的作物，如黄芪（属于十字花科植物），能在体内积累硒，含硒量可高达 1 000~3 000 毫克/千克，毒性很大，肉牛采食后即引起中毒。急性中毒的症状为迟钝，运动失调，低头和耳下垂，脉速而无力，呼吸困难，腹泻，昏睡，最后由于呼吸衰竭而死亡。慢性中毒症状为跛行，食欲下降，消瘦，蹄溃疡，蹄畸形，裂蹄，尾部脱毛，肝硬化和肾炎。

亚硒酸钠、硒酸钠都可作为肉牛的补硒添加剂，但为剧毒品，要注意保存与安全使用。

8. 钼

钼是动物组织中黄嘌呤氧化酶必不可少的成分，是维持牛健康的一种不可少的元素，但实际生产中还没有观察到钼的缺乏症。钼的最大耐受量为 3 毫克/千克，肉牛钼中毒的主要症状与缺铜症状相同。严重时会引起腹泻。腐殖土草地或泥炭土草地含钼量可高达 20～100 毫克/千克。长期饲喂高钼日粮，可能引起肉牛磷代谢紊乱，导致跛行、关节畸形和骨质疏松。

六、肉牛对维生素的需要

维生素也是需要量很少，但是，对肉牛生长发育有着重要作用的营养物质。维生素分脂溶性维生素和水溶性维生素两类。

（一）主要脂溶性维生素

1. 维生素 A

维生素 A 在维持暗视觉和合成黏多糖中起重要作用。缺乏会导致夜盲症以及公牛不育或繁殖力下降等。肉牛对维生素 A 的需要量一般按 1 千克饲料干物质 2 200 单位计算。肉牛一般通过饲喂含有维生素 A 的饲料或者胡萝卜来满足需要。

2. 维生素 D

肉牛对维生素 D 的需要量为每千克饲料干物质 275 单位。可通过饲喂维生素 D 来补充需要。但在生产中由于维生素 D 较贵；往往通过让牛多运动并接受阳光照射就能达到补充维生素 D 的效果。

3. 维生素 E

维生素 E 在肉牛体内主要起抗氧化作用。缺乏可导致生长缓慢，肌肉萎缩或发生白肌病等。每头肉牛每天需要维生素 E 300～1 000 单位。可通过饲喂含维生素 E 的日粮来满足需要。

（二）主要水溶性维生素

水溶性维生素包括所有 B 族维生素和维生素 C。B 族维生素有硫胺素（B_1）、核黄素（B_2）、烟酸、烟酰胺、泛酸、吡哆醇（B_6）、叶酸、氯化胆碱、肌醇、生物素、钴胺素（B_{12}）等。6 月龄以前的犊牛瘤胃尚未充分发育，需要在代乳料中补充 B 族维生素和维生素 C。肉牛瘤胃发育后瘤胃中的微生物能够合成 B 族维生素和维生素 C 来满足肉牛的生长发育需要。

七、肉牛对水分的需要

水是肉牛所需的重要营养物质之一，也是肉牛机体的主要组成成分，新生犊牛体重的 70% 多是水。饮水不足可导致肉牛采食量显著下降，生长明显受阻等。肉牛不同的生长阶段对水的需求量是不同的，让牛自由饮用即可。

第二节 肉牛的常用饲料及日粮的配制

饲料是发展养牛生产的物质基础。为了科学合理地利用饲料及日粮配合，了解牛常用饲料的种类和营养特性十分必要。对牛饲料进行适宜的加工调制，可提高饲料的适口性，改善饲料的瘤胃发酵特性，消除饲料中的抗营养因子，提高饲料的利用率。此外，科学的选择饲料和日粮配方，对牛生产性能的提高、产品品质的改善和安全生产具有重要的意义。

一、肉牛常用饲料

牛常用饲料包括青绿饲料、青贮饲料、粗饲料、能量饲料、蛋白质饲料、矿物质饲料、维生素饲料和饲料添加剂。

1. 青绿饲料

青绿饲料是指天然水分含量 60% 及其以上的青绿多汁植物性饲料。常见的青绿饲料有天然牧草、栽培牧草、青饲作物、树叶类饲料、叶菜类饲料、水生饲料等。

（1）天然草地牧草 按植物分类，主要有禾本科、豆科、菊科和莎草科四大类。豆科牧草营养价值最高。禾本科牧草虽然营养价值较低，但因它是构成草地植被的主体，产量高、再生力强、耐牧、适口性好，因此，也不失为一类较好的牧草。菊科牧草多具特异味，牛不喜采食。天然草地牧草的营养价值随季节有很大变化。

（2）青饲作物和栽培牧草 主要有青饲玉米、高粱、大麦、燕麦、黑麦草、无芒雀麦、苜蓿、草木樨、紫云英等。

在禾本科青绿饲料中以青饲玉米品质最好，老化晚，饲用期长，收获晚些干物质单位面积产量增加。青饲玉米柔软多汁，适口性好。青饲高粱也是牛的好饲料，特别是甜高粱。

青饲大麦是优良的青绿多汁饲料。生长期短、分蘖力强，再生力强。通常于孕穗至开花期收割饲喂。开花期以后老化，品质下降。

燕麦叶多茎少，叶宽长，柔嫩多汁，适口性好，是一种很好的青绿饲料。收获期对营养成分影响不大，从乳熟期至成熟期均可收获。

黑麦草适于在我国河南、河北、陕西、山东等地栽培，特点是生长快，分蘖力强，茎叶柔软光滑，品质好，适口性也好。1年可多次收割。饲喂牛应在抽穗前或抽穗开花期收割。

无芒雀麦是多年生草本植物，抗旱，耐寒，耐碱。由于分蘖力强，耐践踏，故适于放牧利用。适时刈割营养价值接近豆科牧草。

苜蓿为豆科多年生草本植物，品质好，产量高，适应性强，不论青饲、放牧或调制干草均可利用，被誉为"牧草之王"。苜蓿粗蛋白质含量高，且消化率可达70%～80%。另外，苜蓿富含多种维生素和微量元素，同时，还含有一些未知促生长因子，对奶牛泌乳具良好作用。苜蓿1年可收割几茬。但苜蓿茎木质化比禾本科草早且快。通常认为有 1/10～1/2 植株开花适宜收割。

草木樨既属优良豆科牧草，又属重要的水土保持和蜜源植物。草木樨作饲料可青饲、青贮和放牧，也可调制干草。草木樨含香豆素，但含量有别，以无味草木樨适口性较佳。草木樨保存不当易发生霉烂，霉烂时香豆素可在霉菌作用下产生双香豆素，使维生素 K 失效，从而导致动物因外伤、去势、去角等血流不止，严重时还会引起动物死亡。

紫云英鲜嫩多汁，适口性好，产量较高。一般以现蕾开花期或盛花期刈割较好。盛花期后虽粗蛋白质减少，粗纤维增加，但总的养分含量仍比一般豆科牧草为高。

此外，鸡脚草、牛尾草、羊草、披碱草、象草、苏丹草、三叶草、金花菜、毛苕子、沙打旺等鲜草既可直接饲喂奶牛，也可以调制成干草或制作青贮。

(3) 叶菜类及非淀粉质根茎类饲料　聚合草属多年生草本植物，是一种以叶为主的饲草作物。以产量高，适应性强，利用期长，营养丰富为特点。聚合草具黄瓜香味，牛喜食，唯鲜草叶面生有短刚毛，整叶鲜喂适口性较差，但切碎或打浆后混入精料中饲喂效果较好。

饲用甜菜干物质中主要是糖类，纤维少，适口性强，矿物质中钾盐较多呈硝酸盐形式，因此熟喂时，不应放置过久，以防中毒。一般饲喂时洗净切碎，喂量每天每头牛 30～40 千克。

非淀粉根茎类主要包括胡萝卜、菊芋、蕉藕等。该类饲料产量高，耐贮存，水分含量高，粗纤维、粗蛋白质、维生素含量低（除胡萝卜外）为其特点，是提高产奶量的重要饲料。胡萝卜含丰富的胡萝卜素，一般多作为冬季调剂饲料，是种公牛和奶牛优质多汁料。一般喂量每天每头奶牛最高 25 千克，种公牛 5～7 千克。贮藏时最好用沙埋法，可防腐烂和营养损耗。

瓜类饲料水分最多，占 90%～95%。干物质中，含可溶性糖类和淀粉多，纤维素较少，黄色瓜类富含胡萝卜素。试验证明，瓜类饲料是促进泌乳的极好饲料，有不可替代的营养作用。目前，栽培最多的是饲用南瓜，产量比食用南瓜多 1 倍，早熟又高产。

2. 粗饲料

干物质中粗纤维含量在 18% 以上的饲料均属粗饲料。包括青干草、秸秆及秕壳等。

（1）干草　干草是青绿饲料在尚未结籽以前刈割，经过日晒或人工干燥制成，较好地保留了青绿饲料的养分和绿色，是牛的重要饲料。优质干草叶多，适口性好，蛋白质含量较高，胡萝卜素、维生素 D、维生素 E 及矿物质丰富。

目前，常用的豆科青干草有苜蓿、沙打旺、草木樨等，是牛的主要粗饲料，在成熟早期营养价值丰富，富含可消化粗蛋白质、钙和胡萝卜素。豆科干草的蛋白质主要存在于植物叶片中，粗蛋白质的含量变化为 8% ~18%。豆科干草的纤维在瘤胃中发酵速度比其他牧草纤维快，因此，牛摄入的豆科干草总是高于其他牧草。豆科牧草适宜在果实形成的中晚期收割。禾本科干草主要有羊草、披碱草、冰草、黑麦草、无芒雀麦、苏丹草等，数量大，适口性好，但干草间品质差异大，这类牧草的适宜收割期为孕穗晚期到出穗早期。谷类青干草有燕麦、大麦、黑麦等，属低质粗饲料，蛋白质和矿物质含量低，木质化纤维成分高。各种谷物中，可消化程度最高的是燕麦干草，其次是大麦干草，最差的是小麦干草。

（2）秸秆　农作物收获籽实后的茎秆、叶片等统称为秸秆。秸秆中粗蛋白质含量低，粗纤维含量高，其中，木质素多。单独饲喂秸秆时，牛瘤胃中微生物生长繁殖受阻，影响饲料的发酵，不能给其提供必需的微生物蛋白质和挥发性脂肪酸，难以满足牛对能量和蛋白质的需要。秸秆中无氮浸出物含量低，此外，还缺乏一些必需的微量元素，并且利用率很低。除维生素 D 外，其他维生素也很缺乏。

玉米秸粗蛋白质含量为 6% 左右，粗纤维为 25% 左右，牛对其粗纤维的消化率为 65% 左右；同一株玉米秸的营养价值，上部比下部高，叶片较茎秆高。玉米穗苞叶和玉米芯营养价值很低。

麦秸营养价值低于玉米秸。其中，木质素含量很高，含能量低，消化率低，适口性差，是质量较差的粗饲料。小麦秸蛋白质含量低于大麦秸，春小麦秸比冬小麦秸好，燕麦秸的饲用价值最高。该类饲料不经处理，对牛没有多大营养价值。

稻草是我国南方地区的主要粗饲料来源。粗蛋白质含量为 2.6% ~ 3.2%，粗纤维 21% ~ 33%。能值低于玉米秸、谷草，优于小麦秸，灰分含量高，但主要是不可利用的硅酸盐。钙、磷含量均低。

谷草质地柔软、营养价值较麦秸、稻草高。在禾本科秸秆中，谷草品质最好。

豆秸指豆科秸秆。由于大豆秸木质素含量高达 20% ~ 23%，故消化率极低，对牛营养价值不大。但与禾本科秸秆相比，粗蛋白质含量和消化率较高。在豆秸中，蚕豆秸和豌豆秸品质较好。

（3）秕壳　籽实脱离时分离出的荚皮、外皮等。营养价值略高于同一作物的秸秆，但稻壳和花生壳质量较差。

豆荚和大豆皮适于喂牛。谷类皮壳包括小麦壳、大麦壳、高粱壳、稻壳、谷壳等，营养价值低于豆荚。稻壳的营养价值最差。

棉籽壳含棉酚，但对牛影响不大。肥育牛棉籽壳可占日粮 40%，奶牛可占 30% ~ 35%，但应注意喂量要逐渐增加，1 ~ 2 周即可适应。喂时用水拌湿后加入粉状精料，搅拌均匀后饲喂，喂后供给足够的饮水。喂犊牛时最好喂 1 周更换其他粗饲料 1 周，以防棉酚中毒。

（4）青贮饲料　青贮饲料指将新鲜的青绿多汁饲料在收获后直接或经适当的处理后，切碎、压实、密封于青贮窖、塔或袋内，在厌氧环境下进行乳酸发酵，使 pH 值降到 4~4.2，从而抑制霉菌和腐败菌的生长，使其中的养分得以长期保存下来的一类特殊饲料。青贮饲料的营养价值因青贮原料不同而异。其共同特点是粗蛋白质主要是由非蛋白氮组成，且酰胺和氨基酸的比例较高，大部分淀粉和糖类分解为乳酸，粗纤维质地变软，胡萝卜素含量丰富，酸香可口，具有轻泻作用。青贮饲料是牛非常重要的粗饲料，喂量不超过日粮的 30%~50%。在生产中常用的青贮饲料有玉米秸青贮和全株玉米青贮等。一般青贮在制作 30 天后即可开始取用。长方形窖应从一端开始取料，从上到下，直到窖底。切勿全面打开，防止暴晒、雨淋、结冰，严禁掏洞取料。为防止二次发酵，每天取出的料层至少在 8 厘米以上，最好在 15 厘米以上，取用后用塑料薄膜覆盖压紧。一旦出现全窖二次发酵，如青贮料温度上升到 45℃ 以上时，在启封面上喷洒丙酸，并且完全密封青贮窖，制止其继续腐败。

3. 能量饲料

能量饲料指干物质中粗纤维含量在 18% 以下，粗蛋白质含量在 20% 以下，消化能在 10.46 兆焦/千克以上的饲料，是牛能量的主要来源。主要包括谷实类及其加工副产品（糠麸类）、块根、块茎类及其他。

（1）谷实类饲料　主要包括玉米、小麦、大麦、高粱、燕麦、稻谷等。其主要特点是无氮浸出物含量高，其中，主要是淀粉；粗纤维含量低，因而适口性好，可利用能量高；缺乏赖氨酸、蛋氨酸、色氨酸；钙及维生素 A、维生素 D 含量不能满足牛的需要，钙低磷高，钙、磷比例不当。

玉米被称为"饲料之王"，其特点是含能量高，黄玉米中胡萝卜素含量丰富，蛋白质含量 9% 左右，缺乏赖氨酸和色氨酸，钙、磷均少，且比例不合适，是一种养分不平衡的高能饲料。玉米是一种理想的过瘤胃淀粉来源。高赖氨酸玉米对牛效果不明显。高油玉米由于含蛋白质和能量比普通玉米高，替代普通玉米可以提高肉牛牛肉品质，使牛肉大理石状纹等级和不饱和脂肪酸含量提高。

大麦蛋白质含量高于玉米，品质亦好，赖氨酸、色氨酸和异亮氨酸含量均高于玉米；粗纤维较玉米多，能值低于玉米；富含B族维生素，缺乏胡萝卜素和维生素D、维生素K。用大麦喂牛可改善牛奶、黄油和体脂肪的品质。

小麦与玉米相比，能量较低，但蛋白质及维生素含量较高，缺乏赖氨酸，所含B族维生素及维生素E较多。小麦的过瘤胃淀粉较玉米、高粱低，牛饲料中的用量以不超过50%为宜，并以粗碎和压片效果最佳，不能整粒饲喂或粉碎得过细。

燕麦总的营养价值低于玉米，但蛋白质含量较高，粗纤维含量较高，能量较低；富含B族维生素，脂溶性维生素和矿物质较少，钙少磷多。燕麦是牛的极好饲料，喂前应适当粉碎。

（2）糠麸类饲料　糠麸类饲料为谷实类饲料的加工副产品，主要包括麸皮和稻糠以及其他糠麸。其特点是除无氮浸出物含量较少外，其他各种养分含量均较其原料高。有效能值低，含钙少而磷多，含有丰富的B族维生素，胡萝卜素及维生素E含量较少。

麸皮包括小麦麸和大麦麸等。其营养价值因麦类品种和出粉率的高低而变化。粗纤维含量较高，属于低能饲料。大麦麸在能量、蛋白质、粗纤维含量上均优于小麦麸。麸皮具有轻泻作用，质地蓬松，适口性较好，母牛产后喂以适量的麦麸粥，可以调节消化道的功能。

米糠的有效营养变化较大，随含壳量的增加而降低。粗脂肪含量高，易在微生物及酶的作用下发生酸败。为使米糠便于保存，可经脱脂生产米糠饼。经榨油后的米糠饼脂肪和维生素减少，其他营养成分基本被保留下来。肉牛采食适量的米糠，可改善胴体品质，增加肥度。但如果采食过量，可使肉牛体脂变软变黄。牛饲料用量可达20%，脱脂米糠用量可达30%。

其他糠麸主要包括玉米糠、高粱糠和小米糠。其中，以小米糠的营养价值最高。高粱糠的消化能和代谢能较高，但因含有单宁，适口性差，易引起便秘，应限制使用。

4. 蛋白质饲料

蛋白质饲料指干物质中粗纤维含量在18%以下，粗蛋白质含量为20%及以上的饲料，包括植物性蛋白质饲料和糟渣类饲料等。我国规定，禁止使用动物性饲料饲喂反刍动物。

（1）植物性蛋白质饲料　主要包括油料籽实类、饼粕类及其他加工副产品。油料籽实与饼粕的最大区别在于其含油量高（能值高）、一些有毒有害物质未被去除、抗营养因子未被灭活和蛋白质含量低。在牛日粮中直接使用的目的在于提高日粮浓度（其中部分脂肪可过瘤胃）和提高日粮的过瘤胃蛋白。

油料籽实类中豆类籽实蛋白质含量高，较禾本科籽实高2～3倍。品质好，赖氨酸含量较禾本科籽实高4～6倍、蛋氨酸高1倍。全脂大豆为提高过瘤胃蛋白时，可适当热处理（110℃，3分钟）。大豆亦可生喂，但不宜超过牛精饲料的30%，且不宜与尿素一起饲用。

带绒全棉籽因含有棉纤维、脂肪（棉籽油）和蛋白质，又称"三合一"饲料。其干物质中含粗蛋白质、粗脂肪、中性洗涤纤维高。利用棉籽饲喂高产奶牛，每日每头喂量控制在2千克左右。

饼粕类中大豆饼粕粗蛋白质含量高，且品质较好，尤其是赖氨酸含量在饼粕类饲料中最高，但蛋氨酸不足。大豆饼粕可替代犊牛代乳料中部分脱脂乳，并对各生理阶段牛有良好的生产效果。

棉籽饼粕由于棉籽脱壳程度及制油方法不同，营养价值差异很大。主要有完全脱壳的棉仁饼，不脱壳的棉籽饼粕。带有一部分棉籽壳的棉仁（籽）饼粕。棉籽饼粕蛋白质的品质不太理想，赖氨酸较低，蛋氨酸也不足。棉籽饼、粕中含有对牛有害的游离棉酚，牛如果摄取过量（日喂 8 千克以上）或食用时间过长，可导致中毒。繁殖母牛日粮中一般不超过 10%。在短期强度肥育架子牛日粮中棉籽饼可占精饲料的 60%，种公牛不建议饲喂，5 月龄犊牛用量 10%～15%。棉籽饼粕脱毒可用硫酸亚铁法和水煮法。

花生饼粕饲用价值随含壳量而有差异，脱壳后制油的花生饼粕营养价值较高，仅次于豆粕，其能量和粗蛋白质含量都较高。氨基酸组成不好，赖氨酸含量只有大豆饼粕的一半，蛋氨酸含量也较低。带壳的花生饼粕粗纤维含量为 20%～25%，粗蛋白质及有效能相对较低。花生饼适口性好，但贮藏不当极易感染黄曲霉，饲喂时应严加注意。

菜籽饼粕有效能较低，适口性较差。粗蛋白质含量在 34%～38%，矿物质中钙和磷的含量均高，特别是硒含量为 1.0 毫克/千克，是常用植物性饲料中最高者。菜籽饼粕中含有硫葡萄糖苷、芥酸等毒素。肉牛日粮应控制在 15% 左右，体重小于 100 千克的犊牛，用量不超过 10%。菜籽饼脱毒可用土埋法，即挖 1 米深土坑，铺草席，将菜籽饼加入水中（饼水比 1：1）浸泡后装入坑内，2 个月后即可饲喂。

另外，还有胡麻饼粕、芝麻饼粕、葵花籽饼粕都可以作为牛蛋白质补充料。

（2）其他加工副产品　目前，应用较多的是玉米副产品。

玉米蛋白粉是玉米除去浸渍液、淀粉、胚芽及玉米外皮后的产品。由于加工方法及条件不同，蛋白质的含量变异很大，在 25%～60%。蛋白质的利用率较高，由于其比重大，应与其他体积大的饲料搭配使用。一般牛精饲料中可使用 5% 左右。

玉米胚芽饼是玉米胚芽榨油后的副产品。粗蛋白质含量 20% 左右，由于价格较低，蛋白质品质好，近年来，在牛的日粮中应用较多，一般牛精饲料中可使用 15% 左右。

玉米酒精糟一种是酒精糟经分离脱水后干燥的部分，简称

DDG，另一种是酒精糟滤液经浓缩干燥后所得的部分，简称DDS，第三种是 DDG 与 DDS 的混合物，简称 DDGS。一般以DDS 的营养价值较高，DDG 的营养价值较差，DDGS 的营养价值居两者之间，以玉米为原料的 DDG、DDS、DDGS 的粗蛋白质含量基本相近，并含有未知生长因子。氨基酸含量及利用率都不理想，不适宜作为唯一的蛋白源。牛日粮用量以 15% 以下为宜。

（3）糟渣类饲料　是酿造、淀粉及豆腐加工行业的副产品。主要特点是水分含量高，为 70% ~90%，干物质中蛋白质含量为 25% ~33%，B 族维生素丰富，还含有维生素 B_{12} 及一些有利于动物生长的未知生长因子。喂牛时需要注意的是，一些副产物饲料中残留加工过程中添加的化学物质，如玉米淀粉渣中的亚硫酸、酒糟中的酒精或甲醇、甲醛等，酱油渣中的盐等。

啤酒糟鲜糟中水分 75% 以上，不易贮存。干糟体积大，纤维含量高。用于乳牛和肉牛饲料，可取代部分饼粕类饲料。鲜糟日用量不超过 10~15 千克，干糟不超过精饲料 30% 为宜。

酒糟因制酒原料不同，营养价值各异。酒糟蛋白质含量一般为 19% ~30%，是肥育牛的好原料，鲜糟日喂量 15 千克左右。酒糟中含有一些残留的酒精，对奶牛不宜多喂，日喂量一般为 7~8 千克，最高不超过 10 千克。

豆腐渣、酱油渣及粉渣多为豆科籽实类加工副产品，干物质中粗蛋白质的含量在 20% 以上，粗纤维较高。维生素缺乏，消化率也较低。这类饲料水分含量高，一般不宜存放过久，否则极易被霉菌及腐败菌污染变质。

5. 矿物质饲料

矿物质饲料一般指为牛提供食盐、钙源、磷源的饲料。

（1）食盐　食盐的主要成分是氯化钠，用其补充植物性饲料中钠和氯的不足，还可以提高饲料的适口性，增加食欲。牛喂量为精饲料的 1% ~2%。

（2）石粉、贝壳粉　是最廉价的钙源，含钙量分别为 38%

和33%左右。

（3）磷酸钙、磷酸氢钙　磷含量18%以上，含钙不低于23%；磷酸二氢钙含磷21%，钙20%；磷酸钙（磷酸三钙）含磷20%，钙39%，是常用的无机磷源饲料。为了预防疯牛病，牛日粮禁用动物性饲料骨粉、肉骨粉、血粉等。

二、日粮配制方法

（一）配方配制的原则

1. 适应生理特点

肉牛是反刍家畜，能消化较多的粗纤维，在配合日粮时应根据这一生理特点，以青、粗饲料为主，适当搭配精饲料。

2. 保证饲料原料品质优良

选用优质干草、青贮饲料、多汁饲料，严禁饲喂有毒和霉烂的饲料。所用饲料要干净卫生，严禁选用有毒有害的饲料原料。

3. 经济合理选用饲料原料

为降低育肥成本，应充分利用当地饲料资源，特别是廉价的农副产品；同时，要多种搭配，既提高适口性又能达到营养互补的效果。

4. 科学设计与配制

日粮配合要从牛的体重、体况和饲料适口性及体积等方面考虑。日粮体积过大，牛吃不进去；体积过小，可能难以满足营养需要。所以，在配制日粮时既要满足育肥营养需要，也要有相当的体积，让牛采食后有饱腹感。在满足肉牛育肥日增重的营养需求基础上，超出饲养标准量的1%～2%即可。育肥牛粗饲料的日采食量大致为每10千克体重，采食0.3～0.5千克青干草或1～1.5千克青草。

5. 饲料原料相对稳定

日粮中饲料原料种类的改变会影响瘤胃发酵功能。若突然变换日粮组成成分，瘤胃中的微生物不能马上适应变化，会影响瘤胃发酵功能、降低对营养物质的消化吸收，甚至会引起消化系统疾病。

（二）配方配制的特点

第一，如果对妊娠母牛采取限制性饲喂，则要精饲料和粗饲料混合配制，防止精饲料采食过量。

第二，由于育肥牛精饲料用量大，为了保证正常瘤胃功能。进行配方设计时要注意选择适宜饲料，如尽可能多用大麦，不用小麦，减少玉米用量，适当增加一些糠麸、糟渣、饼粕类的比例。

第三，一般说来，日粮中脂肪对牛体脂硬度影响不大，但到育肥后期，要适当限制饲料中不饱和脂肪酸的饲喂量，尽可能把日粮中脂肪含量限制在5%以内。

第四，育肥后期要限制日粮组成中的草粉含量。特别是苜蓿等含叶黄素多的草粉可能会造成色素的沉积，导致体脂变黄，影响商品肉外观质量。

第五，在整个育肥期的日粮配方设计中，粗饲料含量应保持在15%左右为宜。

（三）配方设计与配制的方法步骤

对角线法是目前最常用的饲料配制方法之一，对角线法又称方框法、四角法、方形法、十字交叉法或图解法。该方法一般只用于配制两三种饲料组成的日粮配方。在配制两个以上饲料品种的日粮时，可先将饲料分成蛋白质饲料和能量饲料两种，并根据经验预设好蛋白质饲料和能量饲料内各原料的比例，然后将蛋白质饲料和能量饲料当作两种饲料做交叉配合。

下面举例说明用对角线法配制日粮的具体步骤。如为体重350千克的生长育肥肉牛、预期日增重为1.2千克，精饲料比粗饲料为50∶50，饲料原料选玉米青贮、玉米、棉籽饼和麦麸等。

第一步，根据饲养标准查出350千克肉牛日增重1.2千克所需的各种养分（表4-2）。

表4-2　营养需要量

干物质 （千克/日）	RND （个/千克）	粗蛋白质 （克/日）	钙 （克/日）	磷 （克/日）
8.41	6.47	889	38	20

第二步，从"肉牛常用饲料成分及营养价值表"中查出玉米青贮、玉米、棉籽饼和麦麸等饲料原料的营养成分含量（表4-3）。

表4-3　饲料养分含量　（干物质基础）

饲料名称	干物质 （%）	RND （个/千克）	粗蛋白质 （%）	钙（%）	磷（%）
玉米青贮	22.7	0.54	7	0.44	0.26
玉米	88.4	1.13	9.7	0.09	0.24
麦麸	88.6	0.82	16.3	0.2	0.88
棉籽饼	89.6	0.92	36.3	0.3	0.9
磷酸氢钙				23	16
石粉				38	

第三步，由肉牛的营养需要可知每日每头牛需8.41千克干物质，根据日粮中粗饲料占50%，可知作为粗饲料的青贮玉米每日每头应供给的干物质量为8.41×50%=4.2千克。下面便可求出玉米青贮提供的养分量和尚缺的养分量（表4-4）。

所以，由精饲料提供的养分应为干物质4.21千克、RND 4.2个、粗蛋白质595克、钙19.52克、磷9.08克。

第四步，求出1千克各种配制精饲料的原料和拟配精饲料混合料的粗蛋白质与肉牛能量单位比。

表4-4　粗饲料提供的养分量

项目	干物质（千克）	RND（个）	粗蛋白质（克）	钙（克）	磷（克）
需要量	8.41	6.47	889	38	20
青贮玉米	4.2	2.27	294	18.48	10.92
提供量尚缺	4.21	4.2	595	19.52	9.08

玉米 = 97/1.13 = 85.84

麦麸 = 163/0.82 = 198.78

棉籽饼 = 363/0.92 = 394.57

拟配精饲料混合料 = 595/4.2 = 141.67

第五步，用对角线法算出各种原料用量。

一是先将各原料按蛋白能量比分为两类，一类高于拟配精饲料混合料，另一类低于拟配精饲料混合料，然后一高一低两两搭配成组。本例高于拟配精饲料混合料蛋白能量比值的有麦麸和棉籽饼，低的有玉米。因此，玉米既要和麦麸搭配，又要和棉籽饼搭配，因此，放中间，在两条对角线上做减法，大数减小数，得数是该原料在精料混合料中占有的比例数（图4-1）。

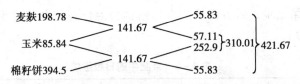

图4-1　对角线法求混合精饲料中各饲料能量比例

二是本例要求混合精饲料中肉牛能量单位是4.20，所以，应将上述比例算成总能量4.20时的比例，即将各饲料原来的比例分别除各饲料比例数之和，再乘4.20。然后将所得数据分别被各原料每千克所含的肉牛能量单位除，即得到这3种饲料的用量。

玉米 = 310.01 × （4.20/421.67）÷1.13 = 2.73（千克）

麦麸 = 55.83 × （4.20/421.67）÷0.82 = 0.68（千克）

棉籽饼 = 55.83 × (4.20/421.67) ÷ 0.92 = 0.60 (千克)

第六步,验算精饲料混合料养分含量 (表 4 – 5)。

表 4 – 5　精饲料混合料的养分含量

饲料	用量 (千克)	干物质 (千克)	RND (个)	粗蛋白质 (克)	钙 (克)	磷 (克)
玉米	2.73	2.41	3.08	264.81	2.46	6.55
麦麸	0.68	0.6	0.56	110.84	1.36	5.98
棉籽饼	0.6	0.54	0.55	217.8	1.80	5.40
合计	4.01	3.55	4.19	593.5	7.62	17.93
与标准比		– 0.66	– 0.01	– 1.5	– 11.9	+ 8.85

由表 4 – 5 可以看出,精饲料混合料中肉牛能量单位和粗蛋白质含量与要求基本一致,干物质尚差 0.66 千克,在饲养实践中可适当增加青贮玉米饲喂量。钙、磷的余缺用矿物质饲料调整,本例中磷已满足需要,不必考虑既能补钙又能补磷的矿物质原料,用石粉补足钙即可。

石粉用量 = 11.9/0.38 = 31.32 (克)

混合精饲料中另加 1% 食盐,约合 0.04 千克。

第七步,列出日粮配方与精饲料混合料的百分比组成 (表 4 – 6)。

表 4 – 6　育肥牛的日粮组成

项目	青贮玉米	玉米	麦麸	棉籽饼	石粉	食盐
供应量 (干物质态,千克)	4.2	2.73	0.68	0.6	0.031	0.04
供应量 (饲喂态,千克)	18.5	3.09	0.77	0.67	0.031	0.04
精饲料组成 (%)		67.16	16.74	14.56	0.67	0.87

在实际生产中,青贮玉米的饲喂量应增加 10% 的安全系数,即每头牛每日的投喂量为 20.35 千克。混合精饲料每日每头投喂量为 4.6 千克。

第五章 肉牛的饲养管理

第一节 犊牛的饲养管理

一、犊牛的饲养

一般把初生至断奶前这段时期的小牛称为犊牛。犊牛的组织器官正处于发育阶段,其生理功能和自我调节机制尚不健全,环境和饲养管理技术会直接影响犊牛的健康、成活率和产肉性能。因此,在生产实践中应注意下面几个环节。

(一) 安全接生

母牛分娩前,应先检查胎位是否正常,胎位正常时一般不进行人工接产,尽量让母牛自行分娩。当遇到母牛难产时要及时助产,在助产中不能强行牵拉犊牛,防止因过度用力造成出生犊牛死亡。

1. 清除黏膜

犊牛出生后,应尽快清除犊牛口及鼻孔附着的黏液,并轻压肺部,以防黏液进入气管妨碍呼吸。当犊牛已经吸入黏液并造成呼吸困难时,可将犊牛头部向下倒置并拍打其胸部,促使吸入气管中的黏液排出。其次是在气温较低的春冬、秋冬交际和冬季,要及时用干净布或干草擦干擦净犊牛体躯上的黏液,也可让母牛舔干净犊牛身上的黏液,以免受凉感冒造成肺炎。

2. 断脐带

出生犊牛离开母体后,如其脐带尚未自然扯断,可用消毒剪刀距犊牛腹部 10～12 厘米处剪断脐带,挤出剩余脐带中的血液,用5%的碘酊浸泡1～2分钟消毒,以免感染发炎。

3. 做记录

对出生后的犊牛要进行称重、佩戴耳标、照相、填写出生记录等。

（二）喂初乳

初乳是指母牛分娩后 7 天内，特别是 5 天内所分泌的乳。初乳色深黄而黏稠，干物质总量比常乳含量高 1 倍，尤其是蛋白质、灰分和维生素 A 的含量均较高。特别是初乳中含有大量免疫球蛋白，它对增强犊牛的抗病力起关键作用。初乳中含有较多的镁盐，有助于犊牛排出胎便，初乳中还含有各种维生素，对犊牛的健康和发育起着重要的作用。

为保证犊牛获得正常免疫力和生长必需的营养，应在犊牛出生后 1 小时内吃到初乳，最迟不超过 2 小时。一般犊牛出生后 0.5 ~ 1 小时，便能自行站立，此时，要辅助犊牛吸吮母乳。具体做法是：将犊牛头引至乳房下，挤出乳汁于手指上，让犊牛舔食，并引至乳头，使犊牛吮乳。第一次要尽量让犊牛吃饱，喂量最低不少于 1 千克，每天喂量为牛体重的 1/8 ~ 1/6，每天喂 3 次以上。

肉用犊牛一般采取随母哺乳，若犊牛随母哺乳有困难，则需人工辅助哺乳。一般用奶桶或奶瓶饲喂，每次饲喂量为 1 ~ 2.5 千克，每天喂量占体重的 12% ~ 16%。人工加热奶要采取隔火加热，温度过高会影响奶中的营养成分，一般温度保持恒温 38℃左右为宜，奶温度过低容易导致犊牛腹泻。挤出的初乳应立即喂，5 天后逐渐过渡到饲喂常乳或犊牛代乳粉。

若母牛产后生病死亡，可由同期分娩的其他健康母牛代哺初乳。在没有同期分娩母牛初乳的情况下，可配制人工乳来饲喂，其配方按鲜牛奶 1 千克，生鸡蛋 2 ~ 3 个，新鲜鱼肝油 30 毫克，食盐 20 克，充分拌匀，隔水加热至 38℃；也可喂给牛群中的常乳，但每天需补饲 20 毫升的鱼肝油，另给 50 毫升的植物油以代替初乳的轻泻作用。

喂奶时速度一定要慢，每次喂奶时间应在 1 分钟以上，以免喂奶过快而造成部分乳汁流入瘤网胃，引起消化不良。

（三）哺乳

犊牛经喂 1 周左右初乳后，即可用常乳饲喂，一般每天喂 2 次，喂量为犊牛体重的 10% 左右。犊牛哺乳期一般为 4～6 个月，前 2 个月喂全乳，以后改为脱脂乳，总哺乳量为 600～800 千克。也有将犊牛哺乳期缩短为 3 个月，总哺乳量为 400～500 千克，其中，第一个月占 45%，第二个月占 35%，第三个月占 20%。在整个哺乳期间，要逐渐增加植物性饲料的饲喂量。

1. 随母哺乳法

让犊牛和其生母在一起，从哺喂初乳至断奶一直自然哺乳。为了给犊牛早期补饲，促进犊牛发育和诱发母牛发情，可在母牛栏的旁边单独设犊牛补饲间，使大母牛与犊牛在补饲期间暂时隔开。

2. 保姆牛法

选择健康无病、气质安静、乳及乳头健康的同期分娩母牛做保姆。具体做法是将犊牛和保姆牛安置在隔有犊牛栏的同一牛舍内，每天定时哺乳 3 次。犊牛栏内要设置饲槽及饮水器。

3. 人工哺乳法

此方法主要是针对失去母亲的犊牛或奶牛场淘汰的公犊牛。新生犊牛结束 5～7 天的初乳期后，可人工哺喂常乳或代乳粉。犊牛的哺乳量可参考表 5 - 1。5 周龄内日喂 3 次；6 周龄以后日喂 2 次。喂后立即用消毒的毛巾擦嘴，缺少奶壶时，也可用小奶桶哺喂。

表 5 - 1　不同周龄犊牛的参考哺乳量　　（单位：千克）

类别	周龄						全期用量
	1～2	3～4	5～6	7～9	10～13	14 以后	
	日喂量						
小型牛	4.5～6.5	5.7～8.1	6.0	4.8	3.5	2.1	540
大型牛	3.7～5.1	4.2～6.0	4.4	3.6	2.6	1.5	400

（四）早期补饲植物性饲料

当犊牛在放牧场采用随母哺乳时，要视草场质量根据饲养标准配合日粮对犊牛进行适当的补饲，促使犊牛早期采食植物性饲料，这样既能满足犊牛的营养需要，又能促进犊牛瘤网胃发育，有利于犊牛的早期断奶。

1. 干草

犊牛从 7~10 日龄开始，训练其采食干草。在犊牛栏的草架上放置优质干草，供其采食咀嚼，可防止其舔食异物，促进犊牛发育。具体方法：给犊牛栏内放置优质干草和青草，任其练习自由采食。

2. 精饲料

从犊牛出生后 1 周开始，可开始训练其采食固体饲料，促进瘤胃的发育。犊牛生后 15~20 天，开始训练其采食精饲料。犊牛喂料量可参考表 5-2。因初期采食量较少，料不应放多，每天必须更换，以保持饲料新鲜及饲槽的清洁。最初每日每头喂干粉料 10~20 克，多以粉料形式或拌入奶中供给，也可将精料涂抹在犊牛的上唇、口角、鼻镜处或放入奶桶内，任其自由舔食。当犊牛适应一段时间后，逐渐增至 80~100 克，1 月龄时喂量 250~300 克，2 月龄时喂 500 克左右。等适应一段时间后再喂以混合湿料，即将干粉料用温水拌湿，经糖化后给予，饲喂量可随日龄的增加而逐渐加大。开始饲喂精饲料时，每天喂量在 20 克左右，每天喂量以不腹泻为原则。数日后可增加至 80~100 克。精饲料中应包括钙、磷、微量元素和维生素 A 及维生素 E 等。

精饲料采食的训练是能否实现早期断奶的关键，其精饲料配方可参考表 5-3。

表5-2　不同日龄犊牛补饲参考量

日龄	喂量				
	喂奶量			喂斗量	
	日喂量（千克）	日喂次数	总量（千克）	日喂量（千克）	总量（千克）
1~7	4~6	3	28~42	0	0
8~15	5~6	3	40~48	0.2~0.3	1.42~2.1
16~30	6~5	3	75~90	0.4~0.5	3.2~4.0
31~45	4~3	2	45~60	0.6~0.8	9~12
46~60	3~2	1	30~45	0.9~1.0	13.5~15
合计			240~262		27.1~33.1

表5-3　犊牛精饲料参考配方

饲料名称	配方1	配方2	配方3	配方4
干草粉颗粒	20	20	20	20
玉米粗粉	37	22	55	52
糠粉	20	40	—	—
糖蜜	10	10	10	10
饼粕类	10	5	12	15
磷酸二氢钙	2	2	2	2
其他微量盐类	1	1	1	1
合计	100	100	100	100

3. 多汁饲料

犊牛生后20天，可在混合精料中加入20~25克切碎的胡萝卜，以后逐渐增加。无胡萝卜，也可饲喂甜菜和南瓜等，但喂量应适当减少。

4. 青贮饲料

当犊牛到2月龄时，可训练饲喂青贮饲料，最初每天100~150克；3月龄可喂到1.5~2千克；4~6月龄增至4~5千克。

（五）饮水

犊牛在哺乳期间一定要供给充足的饮水。在犊牛出生喂奶

12 小时后，要供给 38℃左右的温开水，以后自由饮水。10 天以内给予 36～37℃温开水，10 天以后水温可逐步降低，最后达到常温。犊牛 1 月龄后可在运动场内备足清水，任其自由饮用，但水温一般不能低于 15℃。

(六) 断奶

在母牛妊娠后期和犊牛出生后 3 个月的这段时间内，若饲料中营养不足，犊牛生长发育就会受阻，以后难以进行补偿生长，最后长成"大头牛"。所以，必须供给充足全价营养物质，满足犊牛生长发育的需要。不论是随母哺育犊牛，还是人工哺育犊牛，在断奶前均应补饲配合精料。

当犊牛在 3～4 月龄时，能采食 0.5～0.75 千克开食料，即可断奶；若犊牛体质较弱，可适当延长哺乳时间，增加哺乳量。犊牛随母哺育时，传统断奶时间为 6～7 月龄。哺乳后期，可供应大量优质青干草任犊牛自由采食。

犊牛在任何时期断奶，最初几天体重都会下降，属正常现象。小牛断奶后 10 天内仍采取单独的圈栏饲喂，直到小牛没有吃奶要求为止。在断奶后，用配合精料逐渐代替开食料，青贮饲料任其自由采食，精饲料用量占日粮的 20%～40%。

二、犊牛的管理

(一) 保温防寒

在我国北方的冬季气温寒冷，要注意犊牛舍的保暖，舍内温度要保持在 0℃以上。在犊牛躺卧的地方要铺一些柔软、干净的垫草，栏内要经常保持卫生，做到勤打扫、勤更换垫草、定期消毒。犊牛舍内要保持通风良好，采光充足。

(二) 哺乳卫生

哺乳壶或桶用后要及时清洗干净，定期严格消毒，防止消化系统疾病。要做到每头犊牛 1 个奶嘴和 1 条毛巾，不能混用，以防止传染病的传播。每次喂完奶后用干净专用毛巾把犊牛口鼻周围残留的乳汁擦干，用颈枷或缰绳将犊牛拴系住 10 多分钟后再放开活动，以免养成犊牛吃完奶后互相乱舔的坏习惯，不利于传染病的预防。

（三）母仔分栏

犊牛栏分单栏和群栏两种。犊牛出生后即在靠近母牛栏设单栏管理。一般1月龄后才过渡到群栏。同一群栏犊牛的月龄应一致或相近，不同月龄的犊牛对饲料、环境温度等要求不尽相同，若混养在一起会造成管理混乱，对犊牛生长等都会带来不利的影响。

（四）刷拭

犊牛的皮肤薄，免疫功能弱，当皮肤不洁净或者外伤后容易感染，特别是日常的皮肤易被粪便及尘土所黏附而形成皮垢，降低了皮毛的保温与散热力，不利于皮肤健康。一般是每天对犊牛刷拭两次，可保持犊牛身体清洁，防止体表寄生虫的滋生，促进皮肤血液循环，增强皮肤代谢，有利于生长发育，同时，可使犊牛养成温驯的性格。

（五）运动与放牧

运动对促进犊牛的采食量和健康发育都很重要。有条件的地方应安排适当的运动场地或放牧场，场内要常备清洁的饮水，在夏季还须有遮阳设施。

犊牛从出生后8~10日龄起，即可开始在圈舍外做短时间的运动，随着月龄的增长可逐渐延长舍外运动时间。可根据季节和气温的变化，掌握每日运动时间。夏季犊牛出生后3~5天，冬季犊牛出生后10天即可进行舍外运动。初期一般每天运动0.5~1小时，1月龄后每日2~3小时，上午、下午各1次。

在有放牧条件的地方，可以在30日龄后再开始放牧。但在40日龄前，犊牛对青草的采食量极少，在此时期与其说是放牧不如说是运动。

（六）预防疾病

犊牛比较容易患病，尤其是在出生后的头几周。主要原因是犊牛免疫功能不健全，抗病力较差。主要容易患肺炎和腹泻。所以，平时要注意观察犊牛的精神状态、食欲和行为表现有无异常。

1. 保温

环境温度发生骤变最易引起犊牛肺炎，做好犊牛保温工作是预防肺炎的有效措施。

2. 防腹泻

犊牛的腹泻可分两种。第一种是病原性微生物所造成的腹泻，预防的办法主要是注意犊牛的哺乳卫生，哺乳用具要严格清洗消毒，犊牛栏也要保持良好的卫生条件。第二种是营养性腹泻，其预防办法是注意奶的喂量不要过多，温度不要过低，代乳品的品质要合乎要求，补喂精饲料的品质要好。

第二节　育成牛的饲养管理

一、育成母牛的饲养管理

（一）育成母牛的饲养

育成母牛在不同年龄阶段其生理变化与营养需求不同，见表5－4。断奶至周岁的育成母牛，在此时期，将逐渐达到生理上的最高生长速度，而且在断奶后幼牛的前胃相当发达，只要给予良好的饲养，即可获得最高的日增重。组织日粮时，宜采用较好的粗料与精料搭配饲喂。粗料可占日粮总营养价值的50%～60%，混合精料约占40%～50%，逐渐变化，到周岁时粗料逐渐加到70%～80%，精料降至20%～30%。用青草作粗料时，采食量折合成干物质增加20%，在放牧季节可少喂精料，多食青草，舍饲期间应多用干草、青贮和根茎类饲料，干草喂量（按干物质计算）约为体重的1.2%～2.5%。青贮和根茎类可代替干草量的50%。不同的粗料要求搭配的精料质量也不同，用豆科干草作粗料时，精料大约需含8%～10%的粗蛋白质，若用禾本科干草作粗料，精料蛋白质含量应为10%～12%，用青贮作粗料，则精料应含12%～14%粗蛋白质，以秸秆为粗料，要求精料蛋白质水平更高：达 16% ~ 20%。

　　周岁以上育成母牛消化器官的发育已接近成熟，其消化力与成年牛相似，饲养粗放些，能促进消化器官的机能，至初配前，粗料可占日粮总营养价值的 85% ~ 90%。如果吃到足够的优质粗料，就可满足营养需要；如果粗料品质差时，要补喂些精料。在此阶段由于运动量加大，所需营养也加大，配种后至预产前3 ~ 4 个月，为满足胚胎发育、营养贮备，可增加精料，与此同时，日粮中还须注意矿物质和维生素 A 的补充，以免造成胎儿不健康和胎衣不下。

表 5 - 4　育成母牛的营养需要

体重/千克	日增重/千克	干物质/千克	粗蛋白/克	综合净能/兆焦	钙/克	磷/克	胡萝卜素/毫克
	0	2.5	240	11.76	5	5	18.5
150	0.6	4.1	480	18.07	20	10	22.0
	0.8	4.7	540	20.33	25	12	23.5
	0	3.1	290	14.56	7	7	21.5
200	0.6	4.9	520	22.30	20	11	26.5
	0.8	5.9	570	25.06	23	12	30.0
	0	3.7	350	17.78	9	9	24.5
250	0.6	5.7	560	27.03	19	12	31.5
	0.8	6.9	610	30.38	23	13	37.5
	0	4.3	395	21.00	10	10	36.0
300	0.4	5.7	550	28.58	16	12	34.5
	0.8	7.7	640	31.88	22	14	42.0
	0	4.8	450	23.85	11	11	30.5
350	0.4	6.2	590	32.47	17	14	37.0
	0.6	7.8	640	36.23	19	14	43.5
	0	5.4	490	26.74	12	12	33.0
400	0.2	6.2	550	32.50	16	14	38.0
	0.4	8.0	630	36.36	17	15	46.0

无论对任何品种的育成牛，放牧均是首选的饲养方式。放牧的好处是使牛获得充分运动，从而提高了体质。除冬季严寒，枯草期缺乏饲草的地区外，应全年放牧饲养。另外，放牧饲养还可节省青粗饲料的开支，使成本下降。6 月龄以后的育成牛必须按性别分群放牧（图 5-1）。无放牧条件的城镇、工矿区、农业区的舍饲牛也应分出公牛单另饲养。按性别分群是为了避免野交杂配和小母牛过早配种。野交乱配会发生近亲交配和无种用价值的小牛交配，使后代退化；母牛过早交配使其本身的正常生长发育受到损害，成年时达不到应有的体重，其所生的犊牛也长不成大个，使生产蒙受不必要的损失。母牛正常生长发育及早期断奶母牛生长发育要求见表 5-5。

表 5-5　母牛正常生长发育及早期断奶母牛生长发育

（单位：千克）

牛日龄	小型牛		地方良种黄牛		大型良种牛			
	日增重	体重	日增重	体重	正常哺乳		早期断奶	
初生	16~20		22~28		30~40		30~40	
1~120	0.3	54	0.4	73	0.6	112	0.4	88
121~180	0.35	75	0.5	103	0.73	156	0.5	118
181~365	0.35	140	0.6	214	0.71	293	0.77	256
366~540	0.4	210	0.55	310	0.60	-400	0.80	400
30 月龄	0.2	285	0.22	390	0.52	590	0.52	590
5 周岁	0.04	320	0.044	430	0.066	650	0.066	650

牛数量少，没有条件进行公、母分群时可对育成牛作部分副睾切割，保留睾丸并维持其正常功能（相当于输精管切割）。因为在合理的营养条件下，公牛增重速度和饲料转化效率均较阉牛高得多，胴体瘦肉量大，牛肉的滋味和香味也均较阉牛好。饲养

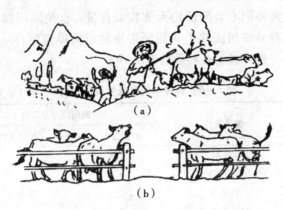

(a) 放牧时要分群 (b) 回舍仍应分群

图5-1 育成牛公母分群

公牛作为菜牛的成本低、收益多。副睾切割手术可请当地兽医进行（图5-2）。

Ⅰ. 阴囊；Ⅱ. 睾丸剖面模式图

1. 输精管；2. 副睾尾；3. 头；4. 手术刀；5. 止血钳

图5-2 部分副睾切割示意图

放牧青草能吃饱时，育成牛日增重大多能达到400~500克，通常不必回圈补饲。但乳用品种牛代谢较高，单靠牧食青草难以达到计划日增重；青草返青后开始放牧时，嫩草含水分过多，能量及镁缺乏，以及初冬以后牧草枯萎营养缺乏等情况下，必须每天在圈内补饲干草或精料，补饲时机最好在牛回圈休息后，夜间进行。夜间补饲不会降低白天放牧采食量，也免除回圈立即补饲，使牛群养成回圈路上奔跑所带来的损失得到弥补（图5-3）。各种牛的育成牛补料量见表5-6。

表5-6　各种牛的育成牛日补料量　　（单位：千克）

饲养条件		肉用品种及改良牛	
		大型牛	小型牛（包括非良种牛）
放牧	春天开牧前15天	0.5	0.3
	16天到当年青草季	0	0
	枯草季	1.2	1.0
舍饲	粗料为青草	0	0
	粗料为青贮	0.5	0.4
	氨化秸秆、野青草、黄贮、玉米秸	1.2	0.8
	粗料为麦秸、稻草	1.7	1.5

秸秆、氨化秸秆为主日粮时，每千克精料加入8 000~10 000单位维生素A。

图5-3　放牧牛夜间补饲冬天最好采取舍饲

以秸秆为主稍加精料，可维持牛群的健康和近于正常日增重。若放牧，则需多用精料。育成牛料配方见表5-7。春天牧草返青时不可放牧，以免牛"跑青"而累垮［图5-4（a）］。并且刚返青的草不耐践踏和啃咬，过早放牧会加快草的退化，不但当年产草量下降，而且影响将来的产草量，有百害而无一利。

待草平均生长到超过 10 厘米，即可开始放牧［图 5 - 4（b）］。
最初放牧 15 天，通过逐渐增加放牧时间来达到可开牧让牛科学
地"换肠胃"，避免其突然大量吃青草，发生膨胀、水泻等严重
影响牛健康的疾病。表 5 - 8 列出了春天开牧时每天放牧合理
时间。

表 5 -7　育成牛料配方例　　　　　　　（单位：千克）

玉米	高粱	棉仁饼	菜籽饼	胡麻饼	糠麸	食盐	石粉	适用范围
67	10	2	8	0	10	2	1	青草、放牧青草、野青草、氨化秸秆等青贮等日粮
62	5	12	8	0	10	1.5	1.5	
52	5	12	8	10	10	1.5	1.5	放牧枯草，玉米秸等日粮

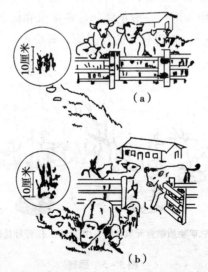

（a）返青草不足10厘米不能放牧　（b）返青草超过10厘米，可开牧

图 5 - 4　春天开牧适宜时机

表5-8 春天开牧时每天放牧合理时间 (单位：小时)

项目	第1~3天	4~6天	7~9天	10~12天	13~15天	16天以后
阳坡		4	4	6	6~7	6~7
阴坡	0	0	1		4	6~7
回圈后	补饲草	补饲草	补饲草	补饲草	不补饲	不再补饲

食盐及矿物元素准确配合在饲料中，每天每头牛能食入合理的数量则效果最好。放牧牛往往不需补料，或无补料条件，则食盐及矿物元素的投喂不好解决；各种矿物元素不能集中喂，尤其是铜、硒、碘、锌等微量元素所需甚少，稍多会使牛中毒，缺乏时明显阻碍生长发育，可以采购适于当地的"舔砖"来解决。最普通的食盐"舔砖"只含食盐，已估计牛最大舔入量不致中毒；功能较全的，则为除食盐外还含有各种矿物元素，但使用时应注意所含的微量元素是否适合当地。还有含尿素、双缩脲等增加粗蛋白的特种舔砖，一般把舔砖放在喝水和休息地点让牛自由舔食，见图5-5。舔砖有方的和圆的，每块重5~10千克。

左.矿物质微量元素盐砖；中.盐砖；右.特种盐砖

图5-5 舔砖

放牧牛还要解决饮水的问题，每天应让牛饮2~3次，水饮足，才能吃够草，因此，饮水地点距放牧地点要近些，最好不要超过5千米。水质要符合卫生标准。按成年牛计算（6个月以下犊牛算0.2头成年牛，6个月至2岁半平均算0.5头牛），每头每天需喝水10~50千克，吃青草饮水少，吃干草、枯草、秸秆饮水多，夏天饮水多，冬天饮水少。若牧地没有泉水溪水等，也可利用径流砌坑塘积蓄雨水备用（图5-6）。

图5-6　蓄水坑塘饮牛

放牧临时牛圈要选在高旷，易排水，坡度小（2%~5%），夏天有荫凉，春秋则背风向阳暖和之地。不得选在悬崖边、悬崖下、雷击区、径流处、低洼处、坡度过大等处（图5-7）。

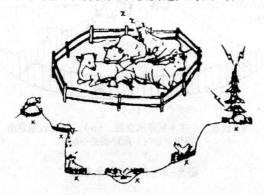

图5-7　临时牛圈选择

　　放牧牛群组成数量可因地制宜，水草丰盛的草原地区可100~200头一群；农区、山区可50头左右一群。群大可节省劳动力，提高生产效率，增加经济效益。群小则管理细，在产草量低的情况下，仍能维持适合于牛特点的牧食行走速度，牛生长发育较一致。周岁之前育成牛、带犊母牛，妊娠最后两个月母牛及瘦弱牛，可在草较丰盛、平坦和近处草场（山坡）放牧。为了减少牧草浪费和提高草地（山坡）载畜量可分区轮牧，每年均有一部分地段秋季休牧，让优良牧草有开花结籽、扩大繁殖的机会。每片牧地采取先牧马、接着牧牛，最后牧羊，可减少牧草的浪费（图 5-8）。还要及时播种牧草，更新草场。

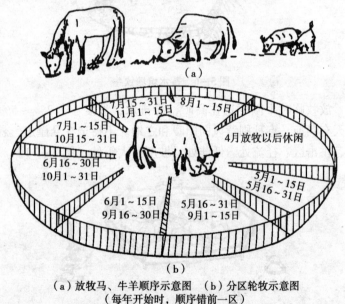

（a）

（a）放牧马、牛羊顺序示意图　（b）分区轮牧示意图
（每年开始时，顺序错前一区）

图 5-8　科学轮牧示意图

　　舍饲牛上下槽要准时（图 5-9），随意更动上下槽时间会使牛的采食量下降，饲料转化率降低。每日 3 次上槽效果较两

次好。

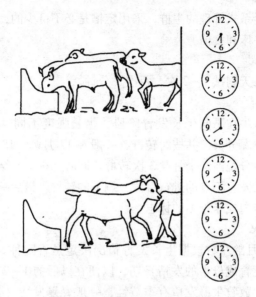

图 5 － 9　舍饲牛要准时上下槽

　　舍饲可分几种形式，小围栏每栏 10 ~ 20 头牛不等，平均每头牛占 7 ~ 10 平方米。栏杆处设饲槽和水槽，定时喂草料，自由饮水，利用牛的竞食性使采食量提高，可获得群体较好的平均日增重，但个体间不均匀，饲草浪费大。定时拴系饲喂是我国采用最广泛的方法。此法可针对个体情况来调节日粮，使生长发育均匀，节省饲草。但劳动力和厩舍设施投入较大。还有大群散放饲养，全天自由采食粗料，定时补精料，自由饮水。此法与小围栏相似，但由于全天自由采食粗料，使饲养效果更好，省人工，便于机械化，但饲草浪费更大。我国很少采用此法。

　　（二）育成母牛的管理

　　1. 分群

　　育成母牛最好在 6 月龄时分群饲养。公、母分群，即与育成公牛分开，同时应以育成母牛年龄进行分阶段饲养管理。

2. 定槽

圈养拴系式管理的牛群，采用定槽是必不可少的，使每头牛有自己的牛床和食槽。

3. 刷拭

圈养每天刷拭 1~2 次，每次 5 分钟。

4. 转群

育成母牛在不同生长发育阶段，生长强度不同，应根据年龄、发育情况分群，并按时转群，一般在 12 月龄、18 月龄、定胎后或至少分娩前两个月共 3 次转群。同时，称重并结合体尺测量，对生长发育不良的进行淘汰，剩下的转群。最后一次转群是育成母牛走向成年母牛的标志。

5. 初配

在 18 月龄左右根据生长发育情况决定是否配种。配种前 1 个月应注意育成母牛的发情日期，以便在以后的 1~2 个情期内进行配种。放牧牛群发情有季节性，一般春夏发情（4~8 月），应注意观察，生长发育达到适配时（体重达到品种平均的 70%）予以配种。

6. 春秋驱虫，按期检疫和防疫注射

7. 做好防暑防寒工作

在气温达 30℃ 时，应考虑搭凉棚、种树等，更要从牛舍建筑上考虑防暑，在北方地区要考虑防寒，整体来看，防暑重于防寒。

8. 贮足冬春季节所需饲草、饲料

二、育成公牛的饲养管理

（一）育成公牛的饲养

育成公牛的生长比育成母牛快，因而需要的营养物质较多。尤其需要以补饲精料的形式提供营养，以促进其生长发育和性欲的发展。对种用后备育成公牛的饲养，应在满足一定量精料供应的基础上，喂以优质青粗饲料，并控制喂给量以免草腹，非种用后备牛不必控制青粗料，以便在低精料下仍能获得较大日增重。

　　育成种公牛的日粮中，精、粗料的比例依粗料的质量而异。以青草为主时，精、粗料的干物质比例约为 55：45；青干草为主时，其比例为 60：40。从断奶开始，育成公牛即与母牛分开。育成种公牛的粗料不宜用秸秆、多汁与渣糟类等体积大的粗料，最好用优质苜蓿干草，青贮可少喂些，6 月龄后日喂量应以月龄乘以 0.5 千克为准，周岁以上日喂量限量为 8 千克，成年为 10 千克，以避免出现草腹。另外，酒糟、粉渣、麦秸之类，以及菜籽饼，棉籽饼等不宜用来饲喂育成种公牛。维生素 A 对睾丸的发育，精子的密度和活力等有重要影响，应注意补充。冬春季没有青草时，每头育成种公牛可日喂胡萝卜 0.5～1 千克，日粮中矿物质供给要充足。

　　（二）育成种公牛的管理

　　1. 分群

　　与母牛分群饲养管理。育成公牛与育成母牛发育不同，对管理条件要求不同，而且公、母混养，会干扰其成长。

　　2. 穿鼻

　　为便于管理进行穿鼻和戴上鼻环。穿鼻用的工具是穿鼻钳，穿鼻的部位在鼻中膈软骨最薄的地方，穿鼻时将牛绑定好，用碘酒将工具和穿鼻部位消毒，然后从鼻中隔正直穿过，在穿过的伤口中塞进绳子或木棍，以免伤口愈合。伤口愈合后先带一小鼻环，以后随年龄增长，可更换较大的鼻环。不能用缰绳直接拉鼻环，应通过角绊或笼头牵拉以避免把鼻镜拉豁，失去控制。

　　3. 刷拭

　　育成公牛上槽后进行刷拭，每天至少 1 次，每次 5 分钟，保持牛体清洁。

　　4. 试采精

　　从 12～14 月龄后即应试采精，开始从每月 1～2 次采精，逐渐增加到 18 月龄的每周 1～2 次，检查采精量、精子密度、活力及有无畸形，并试配一些母牛，看后代有无遗传缺陷并决定是否作种用。

5. 加强运动

育成公牛的运动关系到它的体质,因为育成公牛有活泼好动的特点。加强运动,可以提高体质,增进健康。

6. 防疫注射

定期对育成公牛进行防疫注射防止传染病。另外,应做好防寒防暑工作。

第三节 无公害肉种牛的饲养管理

一、无公害种公牛的饲养管理

(一) 无公害育成公牛的饲养

成年公牛的饲养技术依据公牛品种、年龄、采精次数 (次/周) 等而有较大的差异,饲养的原则是不能过肥也不能过于消瘦;饲料应为多精料、少粗料,高蛋白质、高维生素的较平衡日粮。无公害育成公牛正处于牛的生长高峰期,不仅需要的营养物质的量较多,而且要求饲料的质量也较高,仅用牧草为日粮基础不能满足营养要求,需要一定量的精饲料,才能满足其生长发育的营养需要。在配制育成公牛的日粮中,由于青粗饲料的不同而异;粗饲料以青干草为主时,精饲料 30%、干草 70% (鲜重、日粮含水量 50% 计);粗饲料以青草为主时,精饲料 27% ~28%、干草 73% ~72% (鲜重、日粮含水量 50% 计);粗饲料的选用以苜蓿干草为第一,不用秸秆、糟渣料、多汁料;在日粮的组成中必须含有丰富的维生素 A,它对公牛睾丸的发育、精子的活力和密度有极其重要的影响 (常在饲料中添加鱼肝油)。

定期和不定期抽检精饲料、粗饲料、青贮饲料及饮水中的农药残留量、有毒有害物质的含量。

（二）无公害育成公牛的管理

1. 分群饲养和管理

育成公牛要和育成母牛分群饲养和管理，还要在育成公牛群中分栏饲养和管理，以满足个体要求，获得优秀个体；

2. 戴鼻环

戴鼻环的目的是为了便于管理。正确戴鼻环首先要穿鼻，穿鼻用的工具为穿鼻钳，部位在牛鼻中膈软骨最薄处。穿鼻时应将牛绑定牢固，用碘酒消毒用具及牛鼻中膈软骨，用穿鼻钳穿过鼻中隔软骨最薄处，立即用麻绳或光滑的木棍穿过伤口，以免伤口愈合，过几天用小鼻环替代麻绳或木棍。以后随年龄增长，更换更大的鼻环。不可直接将僵绳拴系于鼻环，要编制笼头，鼻环和笼头为一体，然后拴系僵绳。

3. 刷拭

每天在固定时间内刷拭育成公牛，每日 1 次，5～10 分钟，以保持皮毛清洁干净、促进血液循环、增强体质，并养成良好的生活习性。

4. 运动

育成公牛运动的重要性在于提高活力，增进健康，有了强壮的体格才能生产活力强、密度高、精液量多、质量优的精液。

5. 防疫保健

定时注射防疫疫苗；不喝脏水，不喂霉烂变质饲料；保持育成公牛舍干燥、干净、清洁卫生，定期消毒；夏防暑，冬防寒；谢绝参观。

6. 训练采精

育成公牛从 12～14 月龄起训练调教人工采精，每月 1～2 次；逐渐增加到 18 月龄时每周 1～2 次，检查精液量、精子密度、活力、不合格精子比例；试配健康经产母牛，观察其后代有无遗传缺陷、生长发育速度、品种特性等，为继续选留或淘汰提供依据。

7. 定期抽检作物秸秆农药残留量。

8. 购进兽药时必须严格检查其合格性，拒绝禁用兽药进场；

9. 护蹄种公牛要经常修蹄（春秋季各 1 次）、护蹄，以保证公牛四肢的健康。经常观察并检查趾蹄有无异常，保持蹄壁和蹄叉的清洁。

二、无公害种母牛饲养管理

（一）无公害育成母牛的饲养

母犊牛从断奶转群到周岁的育成母牛，其间虽然只有 6 个月时间，但是，牛的生理变化很大，此时牛处在生长速度的最高峰，饲养适度可获得很高的日增重，为了获得较高的体重，可以采用先精后粗的饲养方案：从断奶到周岁，日粮中混合精料占 45%～55%，粗饲料占 55%～45%；周岁时混合精料占 20%～30%，粗饲料占 80%～70%。但应注意粗饲料的质量，粗饲料质量差，日粮中的比例要小一点，日粮中粗蛋白质的含量应达到：

体重/千克	150	200	250	300	350	400
粗蛋白质/%	11.5～	9.7～	8.8～	8.3～	8.2～	7.9～
（干物质为基础）	11.7	10.6	9.8	9.3	9.5	8.9

周岁以上育成母牛的生理特点是消化器官的发育已接近成熟，能更多地利用粗饲料，因此，到初配前，粗饲料（品质较好）提供的营养可达85%～90%。

定期和不定期抽检精饲料、粗饲料、青贮饲料及饮水中的农药残留量、有毒有害物质的含量。

（二）育成母牛的营养需要量

育成母牛既要增加体重，但又不能沉积脂肪太多，过度肥胖的育成母牛会影响正常发情，因此，饲养育成母牛不能以增重为目的。

怀孕的育成母牛由于胎儿发育，因此，需要更多的营养，尤其在产犊前 100 天左右，在舍饲条件下要增加精饲料的喂量，并在饲料中加喂维生素 A，此时，增加营养既为满足胎儿发育的营养需要，也为产犊后增加泌乳量做准备；育成母牛怀孕后的饲养方式各地依据条件而定，具备放牧条件时应以放牧为主，牧草数量、质量较好时，可以不补料，但是，牧草数量、质量不能满足需要时，应适当补料。

（三）无公害育成母牛的管理

1. 分群饲养、分群管理

依据体重和体质分群饲养和管理，防止"强欺弱、大欺小"。

2. 定食槽、定牛床

为育成母牛定食槽、定牛床管理有利于养成牛的条件反射，培养良好的生活习惯。

3. 全身刷拭

每天给牛全身刷拭 1~2 次，增加血液循环，促进生长发育。

4. 分栏转群

12 月龄、18 月龄、分娩前 2 个月根据育成母牛发育情况分栏转群，同时进行称重、体尺测量，做好档案记录。

5. 适时初配

育成母牛的年龄达到 18 月龄时应记录其发情日期，经过几次发情，条件成熟的育成母牛应及时配种。

6. 防疫防病

定时注射防疫针（重点为口蹄疫疫苗、布氏杆菌苗等）；定期驱除体内外寄生虫。

7. 夏防暑、冬防寒

种树搭凉棚、强制通风、舍顶喷雾防暑；堵塞风眼、关闭窗户、勤换垫草、保持干燥防寒。

8. 定期抽检作物秸秆农药残留量。

9. 购进兽药时必须严格检查其合格性，拒绝禁用兽药进场。

（四）无公害成年母牛饲养管理

1. 无公害成年母牛的维持营养需要

无公害成年母牛的维持营养需要见表5-9。

表5-9　无公害成年母牛的维持营养需要

体重 （千克）	干物质 （千克）	粗蛋白 （克）	维持净能 （兆焦）	钙 （克）	磷 （克）	胡萝卜素 （毫克）	干物质 （兆焦/千克）
300	4.47	396	23.2	10	10	25.0	
350	5.02	445	26.1	11	11	27.5	
400	5.55	492	28.8	13	13	30.0	
450	6.06	537	31.5	15	15	32.5	7.5~8.8
500	6.56	582	34.1	16	16	35.0	
550	7.04	625	36.6	18	18	37.5	
600	7.52	667	39.1	20	20	40.0	

资料来源：主要参考文献（资料）

2. 无公害妊娠母牛的饲养

无公害妊娠母牛饲养的特点是既要满足自身营养需要，又要提供胎儿生长发育的营养需要，还要为产后哺乳提前贮存营养。营养需要表现为前期低少，逐渐增加，后期（临产前3个月左右）达最高。妊娠母牛的营养需要量见常用数据便查表18（略）。

母牛妊娠初期由于胎儿小、发育慢，需求营养较少，在原有饲料营养基础上增加10%~15%的营养即可；母牛妊娠最后3个月，胎儿生长发育迅速（胎儿重量的70%~80%在妊娠最后3个月长成），需要从母牛获得大量的营养，体重350~450千克的妊娠母牛，舍饲时每天应补充精饲料1.5~2.0千克，放牧时视草地草的质量适当补喂精料。定期和不定期抽检饲喂母牛的精饲料、粗饲料、青贮饲料及饮水中的农药残留量、有毒有害物质的含量。

3. 无公害妊娠母牛的管理

妊娠母牛管理要点是营造安静、清洁、卫生的生活环境，防止早产、流产是管理重点：

四防：一防爬跨，群养时要防止牛爬跨造成流产；二防挤压，进出围栏和牛舍时防止挤压造成流产；三防追赶，严格禁止追赶怀孕母牛以防造成流产；四防鞭打，严禁鞭打怀孕母牛以防造成流产；

谨慎用药：怀孕母牛一旦染病，应谨慎用药，防止药物影响胎儿；

固定栏位：不轻易调换变更牛栏；

饮水、草料卫生：不喂霉烂变质饲料饲草，不喂有毒有害物质残留量超标饲料，不喂酒糟、棉饼饲料；不饮脏水、冰水、有毒有害物质残留量超标的水；

保持牛舍干燥、干净、清洁、通风，经常消毒；

适度运动：妊娠母牛适度运动，有利于增强体质、促进胎儿发育，防止难产；

定期抽检作物秸秆农药残留量；

购进兽药时必须严格检查其合格性，拒绝禁用兽药进场。

（五）无公害哺乳母牛的饲养管理

无公害哺乳母牛饲养管理的要求：健壮的体质、较高的产乳量、尽快发情配种。

1. 无公害哺乳母牛饲养

哺乳母牛产前 30 天和产后 70～80 天的饲养是十分重要的时期，饲养质量的好坏，直接影响母牛的分娩、产后泌乳、产后发情、配种受胎、犊牛的初生重和断奶重、犊牛的健康和生长发育。产前要精心喂养，细心护理，选优质易消化饲料，少喂勤添，注意补充蛋白质饲料；母牛分娩的最初几天，正处于身体恢复阶段，体质较差，食欲不好，消化力较差，因此，需要饲喂优质、易消化干草和多汁饲料；3～4 天后可喂少量精饲料，6～7天后可转入正常饲养。

哺乳母牛按哺乳量每千克应增加的营养物质（NRC 国际营

养标准）：维持净能 3.14 兆焦、粗蛋白质 85 克、干物质 0.4 千克、钙 4.5 克、磷 3 克、胡萝卜素 2.5 毫克或见常用数据备查表 20（略）。

2. 无公害哺乳母牛的管理

分娩管理：做好辅助接产的准备工作，清洁消毒产房，铺垫清洁卫生垫草；保持产房安静和干燥环境；防止母牛吞食胎衣；产犊后及时更换垫草。

分娩后饮水：饮温水，并在饮水中加食盐（15～20 克）和麸皮（80～100 克），防止母牛分娩时体内失水过多引起内压突然下降而诱发其他疾病。

观察胎衣：胎衣不下时有发生，危及母牛和犊牛生命，因此要格外注意。

注意产犊母牛牛舍的温度，防止贼风。

定期抽检作物秸秆农药残留量。

购进兽药时必须严格检查其合格性，拒绝禁用兽药进场。

第六章 肉牛的育肥技术

第一节 育肥肉牛的一般饲养管理

一、育肥预备期的管理

育肥预备期主要指刚进育肥场的肉牛，经过长距离、长时间运输进行易地育肥的架子牛，进入肥育场后要经过饲料种类和数量的变化，尤其从远地运进的易地育肥牛，胃肠食物少，体内严重缺水，应激反应大，因此，需要有一适应期。在适应期，应对入场牛隔离观察饲养，注意牛的精神状态、采食及粪尿情况，如发现异常现象，要及时诊治。

1. 饮水

第 1 次饮水量应限制水量，切忌暴饮。如果饮水时每头牛供给人工盐 100 克，则效果更好。第 2 次给水可自由饮水，一般在第 1 次饮水 3~4 小时后进行。

2. 饲喂

当牛饮水充足后，便可饲喂优质干草。第 1 天应限量饲喂，按每头牛 4~5 千克，第 2~3 天逐渐增加喂量，5~6 天后才能让其自由充分采食。青贮料从第 2~3 天起饲喂。精料从 5~7 天起开始供给，应逐渐增加，体重 250 千克以下的牛，每日增加精料量不超过 0.3 千克，体重 350 千克上的牛，每日增加精料量不超过 0.5 千克，直到每日将育肥喂量全部添加。适应期一般 15~20 天，大多采用 15 天。

3. 驱虫

体外寄生虫可使牛采食量减少，抑制增重，育肥期增长。体内寄生虫会吸收肠道食糜中的营养物质，影响育肥牛的生长和育肥效果。一般可选用阿维菌素，一次用药同时驱杀体内外多种寄生虫。驱虫可从牛入场的第 5～6 天进行，驱虫 3 天后，每头牛口服健胃散 350～400 克健胃。驱虫可每隔 2～3 个月进行一次。如购牛时在秋天，还应注射倍硫磷，以防治牛皮蝇。

4. 分群

适应期临结束时，按牛年龄、品种、体重分群，目的是为了使育肥达到更好效果。分群一般在临近夜晚时进行较容易成功，分群当晚应有管理人员不时地到牛舍查看，如有格斗现象，应及时处置。

二、肉牛育肥期的饲养管理原则

1. 减少活动

对于育肥牛应减少活动，对于放牧育肥牛尽量减少运动量，对于舍饲育肥牛，每次喂完后应每头单拴系木桩或休息栏内，缰绳的长度以牛能卧下为宜，这样可以减少营养物质的消耗，提高育肥效果。

2. 固定专人

每群牛的饲喂等日常管理要固定专人，以便及时了解每头牛的采食情况和健康，并可避免产生应激。

3. 坚持三定、四看、五净的原则

（1）三定　即定时操作、定量饲喂和定期称重。

①定时操作：每天 6：00～8：00，12：00～14：00，18：00～20：00 上槽饲喂 1 次，间隔 6 小时，不能忽早忽晚。上午、中午、下午定时饮水 3 次。坚持每天上午、下午定时给牛体刷拭一次，以促进血液循环，有利于育肥牛增进食欲，提高育肥效果。

②定量饲喂：每天的喂量，特别是精料量按每 100 千克体重喂精料 1.0～1.5 千克，不能随意增减。

③定期称重：为了及时了解育肥效果，定期称重很重要。首

先牛进场时应先称重，按体重大小分群，便于饲养管理。在育肥期也要定期称重。由于牛采食量大，为了避免称量误差，应在早晨空腹称重，最好连续称 2 天取平均数。

（2）四看 即看饮食、看粪尿、看反刍和看精神。

①看饮食：观察牛的采食欲、采食量、饮水量等是否正常规律。

②看粪尿：观察牛的排粪成形、软硬度及排尿色泽、频数等是否正常。

③看反刍：观察牛的倒嚼次数、时间长短以及暖气等是否正常规律。

④看精神：观察牛的精神状态是否正常；对外来异常应激反射是否敏感。

（3）五净 即草料净、饲槽净、饮水净、牛体净和圈舍净。

①草料净：饲草、饲料不含沙石、泥土、铁钉、铁丝、塑料布等异物，不发霉不变质，无有毒有害物质污染。

②饲槽净：牛下槽后及时清扫饲槽，防止草料残渣在槽内发霉变质。

③饮水净：注意饮水卫生，避免有毒有害物质污染饮水。

④牛体净：经常刷拭牛体，保持其体表卫生，防止体外寄生虫的发生。

⑤圈舍净：圈舍要勤打扫、勤除粪，牛床要干燥，保持舍内空气清洁、冬暖夏凉。

4. 牛舍及设备常检修

缰绳、围栏及门、窗等设施，要经常检修，易损件要及时更换。牛舍在建筑上不一定要求造价很高，但应防雨、防雪、防晒、冬暖夏凉。

第二节　持续育肥技术

持续育肥是指犊牛断奶后，立即转入育肥阶段进行育肥，直到出栏。持续育肥由于在饲料利用率较高的生长阶段保持较高的增重，缩短了生产周期，较好地提高了出栏率，故总效率高，生产的牛肉肉质鲜嫩，改善了肉质，满足市场高档牛肉的需求，是一种值得推广的方法。

一、舍饲持续育肥技术

持续育肥应选择肉用良种牛或其改良牛，在犊牛阶段采取较合理的饲养，使其平均日增重达到 0.8~0.9 千克，180 日龄体重达到 200 千克进入育肥期，按日增重大于 1.2 千克配制日粮，到 12 月龄时体重达到 450 千克。可充分利用随母哺乳或人工哺乳：0~30 日龄，每日每头全乳喂量 6~7 千克；31~60 日龄，8 千克；61~90 日龄，7 千克；91~120 日龄，4 千克。在 0~90 日龄，犊牛自由采食配合料（玉米 63%、豆饼 24%、麸皮 10%、磷酸氢钙 1.5%、食盐 1%、小苏打 0.5%）。此外，每千克精料中加维生素 A 0.5 万~1 万国际单位。91~180 日龄，每日每头喂配合料 1.2~2.0 千克。181 日龄进入育肥期，按体重的 1.5% 喂配合料，粗饲料自由采食。

方案一：7 月龄体重 150 千克开始育肥至 18 月龄出栏，体重达到 500 千克以上，平均日增重 1.0 千克。

1. 育肥期日粮

粗饲料为青贮玉米秸、谷草；精料为玉米、麦麸、豆粕、棉籽粕、石粉、食盐、碳酸氢钠、微量元素和维生素预混剂（表 6-1）。

表6-1 青贮+谷草类型日粮配方及喂量

月龄	精料配方（%）							采食量［千克/（天·头）］		
	玉米	麸皮	豆粕	棉粕	石粉	食盐	小苏打	精料	青贮玉米	谷草
7~8								2.2	6.0	1.5
9~10	32.5	24.0	7.0	33.0	1.5	1.0	1.0	2.8	8.0	1.5
11~12								3.3	10.0	1.8
13~14	52.0	14.0	5.0	26.0	1.0	1.0	1.0	3.6	12.0	2.0
15~16								4.1	14.0	2.0
17~18	67.0	4.0		26.0	1.0	1.0	1.0	5.5	14.0	2.0

7~10月龄育肥阶段，其中，7~8月龄目标日增重0.8千克，9~10月龄目标日增重1.0千克。11~14月龄育肥阶段，目标日增重1.0千克，15~18月龄育肥阶段，其中，15~16月龄目标日增重1.0千克，17~18月龄目标日增重1.2千克。

2. 管理技术

（1）育肥舍消毒 育肥牛转入育肥舍前，对育肥舍地面、墙壁用2%火碱溶液喷洒，器具用1%的新洁尔灭溶液或0.1%的高锰酸钾溶液消毒，饲养用具也要经常洗刷消毒。

（2）育肥舍可采用规范化育肥舍或塑膜暖棚舍 舍温以保持在6~25℃为宜，确保冬暖夏凉，当气温高于30℃以上时，应采取防暑降温措施。

①防止太阳辐射：该措施主要集中于牛舍的屋顶隔热和遮阳，包括加厚隔热层，选用保温隔热材料，瓦面刷白反射辐射和淋水等。虽然有一定作用，但在环境温度较高情况下，则作用有限。

②增加散热：舍内管理措施包括吹风、牛体淋水、饮冰水、喷雾、洒水以及蒸发垫降温。牛舍内安装电扇，加强通风能加快空气对流和蒸发散热。在饲槽上方安装淋浴系统，采用距牛背1

米高处喷雾形式，提高蒸发和传导散热。据报道，电扇和喷雾结合使用较任何一种单独使用效果好。

当冬季气温低于 4℃ 以下时扣上双层塑膜，要注意通风换气，及时排除氨气、一氧化碳等有害气体。

（3）按牛体由大到小的顺序拴系、定槽、定位　缰绳以能起卧自如约 40 ~ 60 厘米为宜。

（4）犊牛断奶后驱虫 1 次　10 ~ 12 月龄再驱虫 1 次。驱虫药可用虫克星或左旋咪唑或阿维菌素等广谱驱虫药。

（5）日常每日刷拭牛体 1 ~ 2 次　以促进血液循环，增进食欲，保持牛体卫生，育肥牛要按时搞好疫病防治，经常观察牛采食、饮水和反刍情况，发现病情及时治疗。

方案二：强度育肥，周岁左右出栏日粮配方。

选择良种牛或其改良牛，在犊牛阶段采取较合理的饲养，使日增重达 0.8 ~ 0.9 千克，180 日龄体重超过 200 千克后，按日增重大于 1.2 千克设置日粮，12 月龄体重达 450 千克左右，上等膘时出栏。其日粮配方见表 6 - 2。

方案三：育肥始重 250 千克，育肥天数 250 天，体重 500 千克左右出栏。平均日增重 1.0 千克。日粮分 5 个体重阶段，50 天更换 1 次日粮配方与饲喂量。粗饲料采用青贮玉米秸，自由采食。各阶段精料喂量和配方见表 6 - 3。

表6-2　强度育肥周岁左右出栏日粮配方

日龄	始重（千克）	日增重（千克）	全乳喂量（千克）	精料喂量（千克）	精料补充料配方（%）					另添加（千克）				
					玉米高粱		饼粕类	饲用酵母	植物油脂	磷酸氢钙	食盐	碳酸氢钠	土霉素（毫克）	维生素A*1（万国际单位）
0~ 30	30~50	0.8	6~7	自由										
31~ 60	62~66	0.7~0.8	8	自由										
61~ 90	88~91	0.7~0.8	7	自由										
91~ 120	110~114	0.8~0.9	4	1.2~ 1.3	60	10	15	3	10	1.5	0.5	0	22	1.0~2.0
121~ 180	136~139	0.8~0.9	0	1.8~ 2.5	60	10	24	0	3	1.5	1.0	0.5	0	0.5~1.0
181~ 240	209~221	1.2~1.4	0	3.0~ 3.5	67	10	20	0	0	1.0	1.0	1.0	1	0.5
241~ 300	287~299	1.2~1.4	0	4.0~ 4.5										
301~ 360	365~ 377	1.2~1.4	0	5.6~ 6.6										

注：*1 仅在干草期添加。

表 6 - 3　精料喂量和组成

体重 （千克）	精料喂量 （千克）	精料配合比（％）					
		玉米	麸皮	棉粕	石粉	食盐	碳酸氢钠
250 ~ 300	3.0	43.7	28.5	24.7	1.1	1.0	1.0
300 ~ 350	3.7	55.5	22	19.5	1.0	1.0	1.0
350 ~ 400	4.2	64.5	17.4	15.5	0.6	1	1.0
400 ~ 450	4.7	71.2	14	12.3	0.5	1	1
450 ~ 500	5.3	75.5	12.0	10.5	0.3	1	1.0

　　育肥牛采用拴系饲养，每天舍外拴系，上槽饲喂及晚间入舍，日喂 2 次，上午 6：00，下午 18：00，每次喂后及中午饮水。

　　二、放牧舍饲持续育肥技术

　　在牧区或半农半牧区，夏季水草茂盛，也是放牧的最好季节，充分利用野生青草的营养价值高、适口性好和消化率高的优点，采用放牧育肥方式。当温度超过 30℃，注意防暑降温，可采取夜间放牧的方式，提高采食量，增加经济效益。春、秋季应白天放牧，夜间补饲一定的青贮、氨化、微贮秸秆等粗饲料和少量精料。冬季要补充一定的精料，适当增加能量饲料，提高肉牛的防寒能力，降低能量在基础代谢上的比例。

　　1. 放牧加补饲持续育肥技术

　　在牧草条件较好的牧区，犊牛断奶后，以放牧为主，根据草场情况，适当补充精料或干草，使其在 18 月龄体重 400 千克。要实现这一目标，犊牛在哺乳阶段，平均日增重应达到 0.9 ~ 1.0 千克，冬季日增重保持 0.4 ~ 0.6 千克，第 2 个夏季日增重在 0.9 千克。在枯草季节，对育肥牛每天每头补喂精料 1 ~ 2 千克。放牧时应做到合理分群，每群 50 头左右，划区轮牧，效果更好。我国 1 头体重 120 ~ 150 千克的牛需 1.5 ~ 2 公顷。草场；放牧肥育时间一般在 5 ~ 11 月份，放牧时要注意牛的休息、饮水和补盐。夏季防暑，狠抓秋膘。

2. 放牧—舍饲—放牧持续育肥技术

此法适应 9～11 月份出生的秋犊。犊牛出生后随母牛哺乳或人工哺乳，哺乳期日增重 0.6 千克断奶时体重达到 70 千克。断奶后以喂粗饲料为主，进行冬季舍饲，自由采食青贮料或干草，日喂精料不超过 2 千克，平均日增重 0.9 千克。到 6 月龄体重达到 180 千克。然后在优良牧草地放牧（此时正值 4～10 月份），要求平均日增重保持 0.8 千克。到 12 月龄可达到 325 千克。转入舍饲，自由采食青贮料或青干草，日喂精料 2～5 千克，平均日增重 0.8 千克，到 18 月龄，体重达 490 千克。

第三节　育服肉牛饲养管理技术规范

生产无公害优质牛肉要遵循《中华人民共和国农业行业标准——无公害食品　肉牛饲养管理准则》（NY/T 5128—2002）和《肉牛饲养饲料使用准则》（NY/T 5127—2002）。

一、肉牛日粮

1. 饲料和饲料添加剂的使用应符合农业部已批准使用的《饲料添加剂——中华人民共和国农业部公告第 105 号》的规定，不应在饲料中额外添加未经国家有关部门批准使用的各种化学、生物制剂及保护剂（如抗氧化剂、防霉剂）等添加剂。

2. 肉牛不同生长时期和生理阶段至少应达到肉牛饲养标准（NT/T 815—2004）要求，根据肉牛日粮配合的原则，在保证营养需要的前提下，保证日粮的纤维浓度、适口性、轻泻性和有一定的容积和浓度，进行合理配制饲料。

3. 应清除肉牛饲料中的金属异物和泥沙。

二、饲喂技术

1. 定时定量，少给勤添，更换饲料要逐渐进行。保持饲料清洁，切忌使用霉烂变质、冻坏、有毒害的饲料喂肉牛。每次饲喂完毕，槽内饲料残渣要清扫干净，随粪便拉出牛舍，不得堆积在牛床，以免肉牛践踏，发酵发霉，污染空气传播疾病。

2. 供应足够的生产饮用水，饮水质量应达到 NY 5027 的规定。经常清洗和消毒饮水设备，避免细菌滋生。若有水塔或其他贮水设施，则应有防止污染的措施，并予以定期清洗和消毒。

三、日常管理技术

1. 搞好牛舍、运动场卫生

应使牛床干燥，勤换垫草，运动场应干燥不泥泞。

2. 防疫与疾病防治

肉牛群的免疫应遵循肉牛饲养兽医防疫准则（NY 5126—2002）的规定。对于治疗患疾病肉牛及必须使用药物处理时，应遵循肉牛饲养兽药使用准则（NY 5125—2002）的规定。育肥牛在正常情况下禁止使用任何药物，必须用药时，肉牛出栏屠宰前应按规定停药，应准确计算停药时间。不使用未经有关部门批准使用的激素类药物（如促卵泡发育、排卵和催产等药剂）及抗生素。

3. 建立规范的卫生消毒制度

包括环境消毒、人员消毒、牛舍消毒、用具消毒、牛体消毒和环境消毒。

4. 创造适宜的环境条件

肉牛场的环境条件应符合畜禽场环境质量标准（NY/T388）。牛舍内的温度、湿度、气流（风速）和光照应满足肉牛不同饲养阶段的需求，以降低牛群发生疾病的机会。牛舍内空气质量应符合 NY/T 388 的规定。牛场净道和污道应分开，污道在下风向，雨水和污水应分开。牛场周围应设绿化隔离带。牛场排污应遵循减量化、无害化和资源化的原则。

第七章　肉牛疾病防治技术

第一节　牛场的消毒与防疫

一、消毒

（一）消毒剂的选择

消毒剂应选择对人、畜和环境比较安全、没有残留毒性，对设备没有破坏和在牛体内不产生有害积累的消毒剂。可选用的消毒剂有：次氯酸盐、有机氯、有机碘、过氧乙酸、生石灰、氢氧化钠、高锰酸钾、硫酸铜、新洁尔灭、酒精等。

（二）消毒方法

1. 喷雾消毒

用一定浓度的次氯酸盐、过氧乙酸、有机碘混合物、新洁尔灭等。用喷雾装置进行喷雾消毒，主要用于牛舍清洗完毕后的喷洒消毒、带牛环境消毒、牛场道路和周围及进入场区的车辆。

2. 浸润消毒

用一定浓度的新洁尔灭、有机碘的混合物的水溶液，进行洗手、洗工作服或胶靴。

3. 紫外线消毒

对人员入口处常设紫外线灯照射，以起到杀菌效果。

4. 喷撒消毒

在牛舍周围、入口、产床和牛床下面撒生石灰或火碱杀死细菌和病毒。

（三）消毒制度

1. 环境消毒

牛舍周围环境包括运动场，每周用2%火碱消毒或撒生石灰

1 次：场周围及场内污水池、排粪坑和下水道出口，每月用漂白粉消毒 1 次。在大门口和牛舍入口设消毒池，使用 2% 的氢氧化钠溶液。

2. 人员消毒

工作人员进入生产区应更衣和紫外线消毒 3~5 分钟，工作服不应穿出场外。

3. 牛舍消毒

牛舍在每批牛只下槽后应彻底清扫干净，定期用高压水枪冲洗，并进行喷雾消毒和熏蒸消毒。

4. 用具消毒

定期对饲喂用具、饲槽和饲料车等进行消毒，可用 0.1% 新洁尔灭或 0.2%~0.5% 的过氧乙酸消毒，日常用具（如兽医用具、助产用具、配种用具等）在使用前应进行彻底消毒和清洗。

5. 带牛环境消毒

定期进行带牛环境消毒，有利于减少环境中的病原微生物。可用于带牛环境消毒的药物有：0.1% 的新洁尔灭，0.3% 的过氧乙酸，0.1% 次氯酸钠，以减少传染病和蹄病的发生。带牛环境消毒应避免消毒剂污染饲料。

6. 助产、配种、注射治疗及任何对肉牛进行接触操作前消毒

应先将牛有关部位（如乳房、阴道口和后躯等）进行消毒擦拭，以保证牛体健康。

二、防疫

1. 牛群检疫

平时要坚持观察牛群，定期抽检或全检，及时检出阳性牛。当出现疫情时，应根据调查、临床症状或实验室检查进一步确诊，不具备检测条件的牛场应采样送检。一旦确诊为烈性传染病，除马上采取有效措施外，应立即向上级业务主管部门汇报，最大限度地控制疫情，减少经济损失。

2. 免疫接种

搞好免疫接种是做好牛群保健的又一重要途径。各牛场应根据当地的具体情况，并结合本场的饲养管理水平，制定相应的防疫计划。预防接种常用的几种疫苗、菌苗、类毒素等生物制剂见表7－1。

表7－1　常用疫（菌）苗的使用方法

疫（菌）苗名称	接种方法	免疫期
无毒炭疽芽孢苗	1岁以上牛皮下注射1毫升，1岁以下牛皮下注射0.5毫升	1年
Ⅱ号炭疽芽孢苗	皮下注射1毫升	1年
气肿疽明矾菌苗	皮下注射5毫升，6个月以下的牛在年龄达6月龄时再同样注射1次	6个月
气肿疽甲醛苗	皮下注射5毫升	6个月
口蹄疫弱毒苗	未满1岁牛不注射，1～2岁肌内注射或皮下注射1毫升，3岁以上3毫升	6个月
牛出败氢氧化铝菌苗	体重100千克以下的皮下注射4毫升，100千克以上的皮下注射6毫升	9个月
布氏杆菌羊型5号菌苗	室内喷雾免疫，200亿个菌/立方米，喷后停20分钟；也可将菌苗稀释成50亿个菌/毫升，肌内或皮下注射5毫升	1年
疫（菌）苗名称	接种方法	免疫期
布氏杆菌19号菌苗	皮下注射5毫升	6～7年
破伤风类毒素	成年牛皮下注射1毫升，犊牛0.5毫升	1年
破伤风抗毒素	预防量2万～4万单位皮下注射，治疗量10万～30万单位皮下或静脉注射	2～3周
狂犬病疫苗	皮下注射25～50毫升，紧急预防注射3～5次，隔3～5天1次	6个月
牛肺疫兔化弱毒苗	6～12月龄牛皮下注射1毫升，1岁以上肌内注射2毫升	1年
牛瘟兔化弱毒苗	皮下或肌内注射1毫升	1年

3. 疫病诊断

对已发病的牛群,应及时准确地作出诊断,从而采取正确的防治措施,以保证牛群安全。若不能立即确诊,应采取病料送检,同时,应根据初诊,采取紧急隔离等措施,防止疫病蔓延。

诊断牛疫病常用的方法有:临床诊断、流行病学诊断、病理学诊断、微生物学诊断、免疫学诊断等。

第二节 常见牛疾病的防治

一、口蹄疫

口蹄疫俗称"口疮"、"蹄癀",是由口蹄疫病毒引起的牛的一种急性、热性、高度接触性传染病。临诊上以口腔黏膜、蹄部及乳房皮肤发生水疱和溃烂为特征。本病有强烈的传染性,一旦发病,传播速度很快,往往造成大流行,不易控制和消灭,带来严重的经济损失。因此,世界动物卫生组织(OIE)将本病列为发病必须报告的 A 类动物疫病名单之首。

【病原】口蹄疫病毒属小核糖核酸病毒科,口蹄疫病毒属。分为 7 个血清型,即 A、O、C、南非 1、南非 2、南非 3 和亚洲 1 型,其中以 A、O 两型分布最广,危害最大。病毒具有多型性和易变性等特点,彼此无交叉免疫性。病毒的这种特性,给本病的检疫、防疫带来很大困难。

口蹄疫病毒对外界因素的抵抗力较强,不怕干燥。在自然情况下,含毒组织和污染的饲料、饲草、皮毛及土壤等可保持传染性达数周至数月之久。粪便中的病毒,在温暖的季节可存活 29~33 天,在冻结条件下可以越冬。但对酸和碱十分敏感,易被酸性和碱性消毒药杀死。

【流行病学】本病的发生没有严格的季节性,一般冬季、春季较易发生大流行,夏季减缓或平息。病牛或带毒牛是最危险的传染源。主要经过直接接触或间接接触传染,包括通过消化道和呼吸道感染，也可经损伤的皮肤和黏膜感染。

【临床症状】本病潜伏期 2 ~ 4 天，最长可达 1 周左右。病牛体温升高达 41 ~ 42℃，精神委顿，食欲减退，闭口流涎，1 ~ 2 天后，唇内面、齿龈、舌面和颊部黏膜发生水疱，破溃后形成浅表的红色烂斑。病牛采食和反刍停止。水疱破裂后，体温下降，全身症状好转。在口腔发生水疱的同时或稍后，蹄冠、蹄叉、蹄踵部皮肤表现热、肿、痛，继而发生水疱，并很快破溃后形成烂斑，病牛跛行。如不继发感染则逐渐愈合。如蹄部继发细菌感染，局部化脓坏死，则病程延长，甚至蹄匣脱落。病牛的乳头皮肤有时也可出现水疱、烂斑。母牛经常流产。哺乳犊牛患病时，水疱症状不明显，常呈急性胃肠炎和心肌炎症状而突然死亡（恶性口蹄疫），病死率高达 20% ~ 50%。

【诊断】根据流行特点和临床症状可作出初步诊断。为了与类似疾病鉴别及毒型的鉴定，须进行实验室检查。

【鉴别诊断】本病应与牛黏膜病、牛恶性卡他热、水疱性口炎加以区别。

1. 与牛黏膜病区别

口黏膜有与口蹄疫相似的糜烂，但无明显水疱过程，糜烂灶小而浅表，以腹泻为主要症状。

2. 与牛恶性卡他热区别

除口腔黏膜有糜烂外，鼻黏膜和鼻镜上也有坏死过程，还有全眼球炎、角膜混浊、全身症状严重，病死率很高。它的发生多与羊接触有关，呈散发。

3. 与水疱性口炎区别

口腔病变与口蹄疫相似，但较少侵害蹄部和乳房皮肤。常在一定地区呈点状发生，发病率和病死率都很低，多见于夏季和秋初。

【预防】在疫区、受威胁区根据流行的毒型注射口蹄疫疫苗。发现口蹄疫时，采取下列措施。

1. 报告

立即向动物防疫监督机构报告疫情，划定疫点、疫区，由当地县级人民政府实行封锁，并通知毗邻地区加强防范，以免扩大传播。

2. 送检

采取水疱皮和水疱液等病料，送检定型。

3. 隔离

对全群动物进行检疫，立即隔离病畜。

4. 扑杀

扑杀病畜和同群畜。按照"早、快、严、小"的原则，进行控制、扑灭。禁止病畜外运，杜绝易感动物调入，饲养人员要严格执行消毒制度和措施。

5. 紧急接种

实行紧急预防接种，对假定健康动物、受威胁区动物实施预防接种。建立免疫带，防止口蹄疫从疫区传出。

6. 消毒

疫点严格消毒，粪便堆积发酵处理。畜舍、场地及用具用2%~4%氢氧化钠液消毒。

7. 解除疫情

在最后1头病畜扑杀后，经14天无新病例出现时，经过彻底消毒后，由发布封锁令的政府宣布解除封锁。

二、牛流行热

牛流行热又称"三日热"、"暂时热"，是牛的一种急性、热性、高度接触性传染病。其特征是突然高热，呼吸道和消化道呈卡他性炎症，关节炎症。本病发病率高，传播迅速，病程短，多取良性经过。

【病原】牛流行热病毒属弹状病毒科，水疱病毒属。病原存在于病牛的血液和呼吸道的分泌物中。病毒对外界环境的抵抗力不强，一般消毒药均能将其杀死。对乙醚、氯仿和去氧胆酸盐等脂溶剂敏感，不耐酸、碱，不耐高温，但耐低温，－70℃下可长期保持毒力。

【流行病学】病牛是主要传染源。病毒主要存在于病牛血液和呼吸道分泌物中。在自然条件下，多因吸血昆虫叮咬传播本病，故本病的流行有明显的季节性。本病传播迅速，短期内可使很多牛感染发病。不同品种、性别、年龄的牛均可感染发病，呈流行性或大流行性，3～5年流行1次。

【症状】潜伏期一般为3～7天。常突然发病。病初恶寒战栗，体温升高达40℃以上，持续2～3天。高热的同时，病牛流泪，眼睑和结膜充血、水肿。呼吸促迫。食欲废绝，反刍停止，多量流涎，粪干或腹泻。四肢关节肿痛、跛行。站立困难。妊娠母牛可流产。母牛泌乳量迅速下降或停止。病程一般为2～5天，大部分能自愈，死亡率低，康复牛可获得免疫力。

【病变】呼吸道黏膜充血、肿胀和点状出血。有不同程度的肺间质性气肿，部分病例可见肺充血及水肿，肺体积增大。肝、肾稍肿胀，并有散在小坏死灶。全身淋巴结充血、出血、肿胀。

【诊断】根据流行特点和临床症状可作出初步诊断。确诊需进行血清学检验或病毒分离鉴定。

【预防】

1. 灭虫

消灭吸血昆虫，防止吸血昆虫的叮咬。在流行季节到来之前，应用牛流行热亚单位疫苗或灭活疫苗预防注射，均有较好效果。

2. 隔离消毒

发生疫情后，及时隔离病牛，并进行严格的封锁和消毒。

【治疗】目前尚无特效疗法。主要采取解热镇痛、强心补液等对症治疗。

三、恶性水肿

恶性水肿是由以腐败梭菌为主的多种梭菌引起的牛的一种经创伤感染的急性传染病，病的特征为创伤局部发生急性气性炎性水肿，并伴有发热和全身毒血症。

【病原】本病的病原主要为腐败梭菌，其次是水肿梭菌，魏氏梭菌和溶组织梭菌等。这些细菌均为革兰氏染色阳性厌氧大杆菌。它们在无氧条件下可形成粗于菌体的梭形芽胞。芽胞抵抗力很强，强力消毒药（如10%～20%漂白粉混悬液，3%～5%硫酸、石炭酸合剂，3%～5%氢氧化钠溶液）可在较短时间内杀灭菌体。

【流行病学】本病的病原菌广泛存在于自然界中，以土壤和动物肠道中较多，而成为传染源。病牛不能直接接触传染健康动物，但能加重外界环境的污染。传染主要由于外伤如去势、断尾、注射、剪毛、采血、助产及外科手术等消毒不慎，污染本菌芽胞而引起感染。多为散发。

【症状】潜伏期1～5天，病牛病初体温高，在伤口周围发生气性炎性水肿。并迅速扩散蔓延，肿胀部初期坚实、灼热、疼痛，后变冷而无痛，形成气肿，指压有捻发音。切开肿胀部，皮下、肌间结缔组织内流出多量淡红褐色液体，混有气泡，气味酸臭。随着炎性气性水肿的急剧发展，全身中毒症状加剧，表现高热稽留，呼吸困难，食欲废绝，偶有腹泻，患牛多在1～3天死亡。如因分娩感染，则在产后2～5天，阴道流出不洁红褐色恶臭液体，阴道黏膜充血发炎，会阴水肿，并迅速蔓延至腹下、股部，以致发生运动障碍和全身症状。因去势感染时，多在术后2～5天，阴囊、腹下发生弥漫性气性炎性水肿，腹壁感觉过敏，并伴有严重的全身症状。

【诊断】根据临诊特点，结合外伤的情况可疑为本病，但确诊必须进行细菌学检查，取病变组织，尤其是肝脏浆膜，制成涂片或触片染色镜检，可见到呈链状排列的长丝状菌体。此外，还可应用免疫荧光抗体对本病作快速诊断。

【预防】

1. 防止外伤

平时注意防止外伤，当发生外伤后要及时进行消毒和治疗，各种外科手术及注射均应无菌操作，并做好术后护理工作。

2. 隔离消毒

发生本病时隔离病畜，污染的牛舍和场地用 10% 漂白粉混悬液或 3% 氢氧化钠溶液消毒。

3. 处理

死于本病牛不能再利用，应予深埋或焚毁。

【治疗】

第一，早期对患部进行冷敷，后期切开，清除异物和腐败组织，吸出水肿部渗出液，再用氧化剂（如 0.1% 高锰酸钾或 3% 过氧化氢液）冲洗，然后撒上磺胺粉或青霉素粉，并施以开放疗法。

第二，青霉素 200 万~300 万单位，肌内注射，连用数次。

第三，10%~20% 磺胺嘧啶钠注射液 100~150 毫升，肌内注射，或与 5% 葡萄糖注射液 1 500~2 000 毫升混合静脉注射。

第四，进行必要的对症治疗，如强心、补液和解毒等。适当使用樟脑酒精葡萄糖注射液和 5% 碳酸氢钠注射液，可改善心脏功能和防止酸中毒。

四、牛巴氏杆菌病

牛巴氏杆菌病又称牛出血性败血症，是牛的一种急性、热性传染病。以发生高热、肺炎和内脏广泛出血为特征。

【病原】 本病病原为多杀性巴氏杆菌。是一种细小的球杆菌，不能运动，无鞭毛，不形成芽胞，革兰氏染色阴性。美蓝或姬姆萨氏染色，可见菌体两端浓染，中间着色浅，故又称两极杆菌。本菌对物理或化学因素的抵抗力较弱，普通消毒药常用浓度对本菌都有良好的消毒力。

【流行病学】本菌存在于病牛全身各组织、体液、分泌物及排泄物里，健康牛的上呼吸道也可能带菌。

本病主要通过消化道、呼吸道感染，也可经外伤和昆虫的叮咬引起感染。本病的发生一般无明显的季节性，但冷热交替、天气剧变、闷热、潮湿、多雨的时期发生较多。一般为散发，有时呈地方流行性。

【症状】本病潜伏期2~5天，根据临床症状可分为败血型、肺炎型和水肿型3种。

1. 败血型

病初体温升高达41~42℃，精神沉郁，食欲废绝，呼吸困难，黏膜发绀，泌乳及反刍停止。鼻镜干燥，继而腹痛腹泻，粪便恶臭并混有黏膜片及血液，有时鼻孔内、尿中有血。腹泻开始后，体温随之下降，迅速死亡。病程多为12~24小时。

2. 肺炎型

此型最常见。病牛表现为纤维素性胸膜肺炎症状。除全身症状外，伴有痛性干咳，流浆液性以至脓性鼻液。胸区压痛，叩诊一侧或两侧有浊音区；听诊有支气管呼吸音和哕音。严重时，呼吸高度困难，头颈前伸，张口伸舌，病牛常迅速死于窒息。2岁以内的小牛，常严重腹泻并混有血液。病程一般为1周左右，有的病牛转变为慢性。

3. 水肿型

病牛前胸和头颈部水肿，严重者波及下腹部。肿胀部初坚硬而热痛，后变冷疼痛减轻。舌咽高度肿胀，呼吸困难，眼红肿、流泪。病牛常因窒息死亡，也可出现腹泻，病程为2~3天。

【病变】败血型呈现败血症变化，黏膜和内脏表面有广泛点状出血。淋巴结肿胀多汁，有弥漫性出血。胃肠黏膜发生急性卡他性炎症；水肿型于肿胀部皮下结缔组织呈现胶样浸润，切开即流出多量黄色透明液体。淋巴结、肝、肾和心脏等实质器官发生变性；肺炎型肺部有不同程度的肝变区，内有干酪样坏死，切面呈大理石状。胸腔中有大量浆液性纤维素性渗出液，心包呈纤维素性心包炎，心包与胸膜粘连。胸部淋巴结肿大，切面呈暗红色，散布有出血点。

【诊断】根据流行特点、临床症状和剖检变化，可作出初步诊断。但确诊必须进行细菌学检查。由病变部采取组织和渗出液涂片，用美蓝或姬姆萨氏染色后镜检，如从各种病料的涂片中均见到两端浓染的椭圆形小杆菌，即可确诊。也可进行细菌分离鉴定。

【预防】

第一，平时应加强饲养管理和清洁卫生，消除疾病诱因，增强抗病能力。

第二，对病牛和疑似病牛，应严格隔离。对污染的圈舍、场地和用具用5%漂白粉混悬液或10%石灰乳消毒。粪便和垫草进行堆积发酵处理。

第三，发过病的地区，每年接种牛出血性败血症氢氧化铝菌苗1次，体重200千克以上的牛6毫升，小牛4毫升，经皮下或肌内注射，均有较好的效果。

【治疗】

第一，早期应用抗出血性败血症血清有较好的效果。皮下注射100～200毫升，每日1次，连用2～3天。

第二，对急性病牛，可用大剂量四环素，每千克体重50～100毫克，溶于葡萄糖生理盐水，制成0.5%的注射液静脉注射，每天两次，效果很好。也可用其他抗菌药物。

五、寄生虫病

1. 肝片吸虫病

主要由肝片吸虫寄生于胆管引起的全身性营养障碍和中毒的慢性疾病。

【症状】逐日消瘦，毛粗无光易脱落，食欲不振、消化不良、黏膜苍白、牛体下垂部位水肿。

【防治】粪便沉淀法可发现虫卵。春秋两季给牛驱虫。消灭锥实螺。

口服硫双二氯酚（别丁），每千克体重 40～60 毫克，或口服硝氯酚（拜耳 9015），每千克体重 3～4 毫克，或口服血防，每千克体重 125 毫克。

2. 焦虫病

是由泰勒焦虫寄生于网状内皮细胞和红细胞内所引起的急性、热性疾病。

【症状】病初体温升到 40～42℃，稽留热。精神沉郁，食欲、反刍全无，便秘或腹泻，心跳、呼吸加快，贫血，黏膜苍白、出现黄疸。

【防治】消灭蜱。肌内注射血虫净（贝尼尔），8 毫克/千克体重，配成 7% 溶液，每日 1 次，连用 3 天。静脉注射黄色素，3～4 毫克/千克体重（最大剂量 2 克），配成 0.5%～1% 溶液，一般 1 次即可，或 2～3 天后重复 1 次。

3. 牛皮蝇蛆病

是由牛皮蝇的幼虫寄生在牛背部皮下引起的疾病。

【症状】不安、疼痛、发痒。寄生处形成结节、凸起，从中可挤出幼虫。严重时贫血、消瘦。

【防治】加强牛体卫生。用手挤出结节内幼虫。2% 敌百虫液洗擦牛背，隔 20 天洗擦 1 次。肌内注射：倍硫磷，4～10 毫克/千克体重；敌百虫，10%～15% 的溶液，0.1～0.2 毫升/千克体重。

4. 牛绦虫病

牛绦虫病是由莫尼茨绦虫，曲子营绦虫和无卵腺绦虫寄生在牛的小肠中所引起的一种危害严重的寄生虫病。其特征是腹泻，粪便中混有成熟的绦虫节片。常呈地方性流行。

【虫体特征及生活史】本病的病原寄生虫主要是莫尼茨绦虫，其特征是乳白色带状，由头节、颈节和许多体节组成长带状，最长可达 5 米。成熟体节（内含大量虫卵）及虫卵随粪便排到外界，被中间宿主地螨吞食，在其体内经过 1 个月左右时间发育成具有感染力的似囊尾蚴，牛吞食这样的地螨，似囊尾蚴即在宿主肠管中翻出头节，吸附在肠黏膜上发育成成虫而致病。

【症状】本病主要侵害 1.5 ~ 8 个月的犊牛，成年牛由于抵抗力增强，症状不明显。病牛精神不振，食欲减退，渴欲增加，腹泻，粪便中混有成熟的绦虫节片，发育不良，贫血，迅速消瘦，严重者出现痉挛或回旋运动，最后死亡。

【诊断】本病的症状不典型，只能作为参考。实验室诊断可用饱和盐水漂浮法检查粪便中虫卵。莫尼茨绦虫卵近似四角形或三角形，无色、半透明，卵内有梨形器，梨形器内有六钩蚴；用清水洗粪便，有时可找出节片。也可根据临床症状进行诊断性驱虫。

【预防】

第一，消灭病原，即每年放牧季节前对牛进行 1 次预防性驱虫，特别是犊牛一定要进行驱虫。有条件的可于放牧后的 30 天、60 天各进行 1 次。

第二，根据中间宿主——地螨怕强光，怕干旱，喜湿的生态特性，要避免在低洼潮湿草地放牧。

第三，提倡圈养牛，放牧要实行划区轮牧。

第四，粪便须经生物发酵后利用。

【治疗】

第一，硫双二氯酚，每千克体重 30 ~ 50 毫克，配成悬浮液，1 次口服。

第二，氯硝柳胺（灭绦灵），每千克体重 50 毫克，配成悬浮液，1 次口服。

第三，吡喹酮，每千克体重 50 毫克，1 次口服。

第四，丙硫苯咪唑，每千克体重 10 ~ 20 毫克，1 次口服。

第五，苯硫咪唑，每千克体重 5 毫克，配成悬浮液灌服。

第六，1%硫酸铜溶液，犊牛每千克体重2~3毫克，用药后给予泻剂硫酸钠，可加速绦虫的排出。

5. 牛囊尾蚴病

牛囊尾蚴病又称牛囊虫病，是由牛带吻绦虫（无钩绦虫）的幼虫——牛囊尾蚴寄生牛的舌肌、咬肌、颈部肌肉、肋间肌肉和心肌等处所引起的人畜共患寄生虫病。

【虫体特征及生活史】带吻绦虫（无钩绦虫）呈乳白色带状，虫体由1 000个左右的节片组成。头节上有4个吸盘，无顶突和钩，其成熟节片内生殖器官的排列基本上与有钩绦虫相似。

牛囊尾蚴呈黄豆粒大，里面充满半透明囊液，囊壁有一高粱米粒大的头节，其形态同成虫。人是带吻绦虫的唯一终末宿主，中间宿主为牛。孕卵节片或卵随人的粪便排出体外，牛吞食了被虫卵污染的饲料和饮水后，虫卵或孕节进入消化道，释放出六钩蚴，六钩蚴进入血液，随血流到达寄生的肌肉组织中，经3~6个月发育成囊尾蚴。

【症状】本病无明显的临床症状，有时呈现一时性高热，腹泻，食欲不振，不久症状自行消失。

剖检可见舌肌、咬肌、肋间肌甚至心肌处有囊尾蚴。

【诊断】牛囊尾蚴病的生前诊断困难，主要是宰杀后剖检病变，发现囊尾蚴，可作出诊断。

【预防】

第一，加强牛肉检疫，在牛肉中发现牛囊尾蚴后，应严格按国家有关规定处理肉尸。

第二，搞好人体驱虫，积极治疗绦虫病人。驱出的绦虫要深埋，防止病原扩散。

第三，注意公共卫生，对人的粪便进行无害化处理。

6. 牛球虫病

牛球虫病是由多种球虫引起的一种肠道原虫病。以出血性肠炎为特征，主要发生于犊牛。一般发生于春、夏、秋3季，尤其是多雨年份，在低洼潮湿的牧场放牧时易发生。

【虫体特征及生活史】寄生于牛体的球虫有 14 种之多，其中以邱氏艾美尔球虫和牛艾美尔球虫致病力最强、最为常见。球虫能形成卵囊。艾美尔球虫的卵囊呈圆形、椭圆形或梨形，镜下呈淡灰色、淡黄色或深褐色。卵囊在肠上皮细胞内经过裂体增殖和配子生殖后，脱离肠上皮细胞，随粪便排到外界，经过孢子生殖阶段之后，形成感染性卵囊。健康牛吞食了感染性卵囊而感染发病。

【症状】发病多为急性经过，病初精神沉郁，喜卧，食欲减退或废绝，被毛粗乱，粪便稀薄，混有黏液、血液。约 7 天后，体温可升至 40～41℃，症状加剧，末期所排粪便几乎全是血液，色黑、恶臭，最后多因极度衰弱而死亡，病程为 10～15 天。耐过牛可转为带虫者。

【诊断】采取可疑病牛的粪便，以饱和盐水浮集法集虫，或用直肠黏膜刮取物直接涂片镜检，若发现大量球虫卵囊，即可确诊。

【预防】

第一，在本病流行期间，用 3%～5% 热碱水或 1% 克辽林对地面、牛栏、饲槽等进行消毒，每周 1 次。粪便和垫草必须无害化处理。

第二，成年牛多为带虫者，故与牛犊应分开饲养；犊牛哺乳前乳房要洗拭干净，哺乳后母牛、犊牛要及时分开。

第三，在饲料和饮水中，添加氨丙啉，每天每千克体重 5 毫克，连用 21 天。

【治疗】对病牛选用下列药物。

第一，磺胺二甲嘧啶（SM2），每千克体重 100 毫克，内服，每天 1 次，连用 3～7 天，配合使用酞酰磺胺噻唑（PST），效果更好。

第二，氨丙啉每日每千克体重 25 毫克，连喂 4～5 天。

第三，林可霉素每日每头牛 1 克，混入饮水中给予，连喂 21 天。

六、口炎

口炎又名口疮，是牛口腔黏膜的炎症，包括舌炎、腭炎和齿龈炎。临床上以卡他性、水疱性和溃疡性口炎为常见，其特征是流涎，拒食或厌食。

【病因】采食蒿秆、芒刺等粗硬尖锐的饲料或误食骨、铁丝及玻璃等异物以及牛本身牙齿不正而引起的损伤；其次是刺激性化学物质（如生石灰、醋酸、石炭酸等）引起；抢食过热饲料，以及吃了品质不良、霉败饲料和有毒植物后，亦可发生。

口炎常继发咽炎、舌伤、前胃疾病、胃炎、肝炎及维生素 A 缺乏等疾病。

【症状】流涎、拒食或选择植物的柔软部分小心咀嚼，有时将咀嚼不充分的成团饲料吐出口外。口角有大量白色泡沫，或有大量唾液呈丝状从口中流出。

病牛常拒绝检查口腔。口腔黏膜充血、肿胀，舌面常有灰白色舌苔，口腔恶臭。口腔黏膜上可见到创伤、水疱、烂斑、溃疡等病变。

【预防】加强饲养管理，不喂饲粗硬尖锐的饲料，注意饲料卫生，防止误食尖锐及刺激性物质。

【治疗】查找并清除病因。饲喂易消化的新鲜饲料，保证清洁的饮水。

用 1% 食盐水、2% 硼酸溶液、0.1% 高锰酸钾溶液、1% 明矾溶液、1% 来苏尔等溶液中的一种冲洗口腔。每日 2～3 次。当口腔黏膜上有烂斑或溃疡时，冲洗后再涂碘甘油或龙胆紫溶液，每日 1～2 次。对严重的口炎，可口服磺胺明矾合剂（长效磺胺粉 10 克、明矾 3 克，装入布袋中含之），每日更换 1 次。

七、食管阻塞

食管阻塞是食管的一段被食团或异物阻塞所引起的急症。

【病因】牛过度饥饿之后，贪食急咽，或采食中突然受惊急咽，多在吞食萝卜、马铃薯、甜菜、甘薯、玉米棒等块状饲料时发生。患异食癖的牛食入塑料布、破布、毛线、木屑等也可引起该病。

【症状】病牛停止采食，骚动不安，摇头缩颈，有吞咽动作。空口咀嚼，并伴发咳嗽，从口鼻流出蛋清样液体。采食饮水时，食物和水从鼻腔逆出。食管及颈部肌肉痉挛性收缩，并继发瘤胃臌气、呼吸困难。

【诊断】根据病史、症状、食管外部触诊及胃管探诊即可确诊。

【预防】防止牛采食过急，块根类饲料要切碎，豆饼要泡软，不要让牛偷吃到块根类农作物，即使发现偷食者也要缓慢驱赶。

【治疗】争取早期治疗，及时排除阻塞物。

如果病牛发生了瘤胃臌气，应及时进行瘤胃穿刺放气，以防窒息。

牛的食管阻塞物多数是在近咽腔处。首先用胃管灌液状石蜡100～300毫升，作润滑剂，再带上开口器，将病牛妥为保定，一人用双手在食管两侧将阻塞物推向咽部，另一人将手或钝钳伸入咽内取出。手不易取出时，可试用铁丝套环套出。

阻塞物在食管，可用5%水合氯醛酒精液200～300毫升，静脉注射；或先灌服液状石蜡或植物油100～200毫升，然后皮下注射3%盐酸毛果芸香碱注射液3毫升，使食管松弛，然后再用胃管推送。

阻塞物在胸部时，可先灌服2%普鲁卡因液20～30毫升，经10分钟后，灌服液状石蜡或植物油100～200毫升，再用胃管小心地将阻塞物向胃内推送。如不见效，可在胃管上连接打气筒，有节奏地打气3～5下，趁食管扩张时，将胃管缓缓推进，有时可将阻塞物送入胃内。

如果颈部食管阻塞物大而坚硬，应用各种疗法均无效果，可行食管切开术，取出阻塞物。

八、瘤胃酸中毒

瘤胃酸中毒是以前胃功能障碍为主症的一种急性病。多发生于牛，死亡率高。

【病因】 主要是由于突然采食大量富含碳水化合物的谷物饲料（如大麦、小麦、玉米、谷子、高粱等），或长期过量饲喂块根类饲料（如甜菜、马铃薯等）以及酸度过高的青贮饲料等所致。

【症状】 病牛精神沉郁，可视黏膜潮红或发绀。食欲废绝，磨牙空嚼，流涎，口腔有酸臭味。瘤胃胀满，瘤胃冲击式触诊有振水音，听诊蠕动音消失。粪质稀软或水样，有酸臭味。脉搏增数，呼吸加快，体温正常或偏低。机体脱水明显，皮肤干燥，眼窝凹陷，血液黏稠色暗，排尿减少或停止。病牛狂躁不安，盲目运动或转圈。病后期多卧地不起，角弓反张，眼球震颤，最后昏迷而死亡。

最急性病例，常在采食谷物饲料后 3~5 小时突然发病死亡。

【诊断】 瘤胃内容物和尿液 pH 值明显下降，严重者 pH 值降至 5 以下。红细胞压积容量增高，血液乳酸含量增高，血浆二氧化碳结合力下降。

【预防】 加强饲养管理，不要突然大量饲喂谷物精饲料，防止牛偷吃精饲料，经常补饲青草、干草等。

【治疗】 治疗原则是制止瘤胃内继续产酸。

第一，用 1%氯化钠液或 1%碳酸氢钠液反复洗胃，直至瘤胃液呈碱性反应为止。

第二，可静脉注射 5%碳酸氢钠注射液 1 000~2 000 毫升，以解除酸中毒。

第三，脱水时，可用 5%糖盐水、复方氯化钠液、生理盐水或平衡液等，每天 6~10 升，分 2~3 次静脉注射。

第四，心力衰竭时，应用强心剂，如20%安钠咖注射液10～20毫升，静脉或肌内注射。

第五，缓解神经症状，可用20%甘露醇注射或25%山梨醇注射液500～1 000毫升，静脉注射。

第六，增强瘤胃运动功能，可用新斯的明10～20毫克或毛果芸香碱40～60毫克，皮下注射。

第七，对于严重病牛可行瘤胃切开术，直接取出内容物。如果能同时移入健康牛瘤胃内容物，效果更好。

九、骨软症

牛骨软症是成年牛比较多发的一种慢性疾病，是指成年牛在软骨内骨化作用完成后发生的一种骨营养不良症。

【病因】长期饲喂单一饲料，饲料中钙、磷含量不足或比例不当以及机体钙、磷代谢障碍，是本病发生的主要原因。此外，维生素D缺乏，运动不足，阳光照射少，慢性胃肠病以及甲状旁腺功能亢进，都可促使本病发生。

【症状】病牛出现消化障碍和异嗜，舔食泥土、墙壁、铁器、骨头、砖头、破布等异物。四肢强拘，拱背站立，运步不灵活，一肢或多肢跛行，或交替出现跛行，经常卧地，不愿起立。脊柱、肋弓和四肢关节疼痛，外形异常，肋骨与肋软骨结合部肿胀，易折断，尾椎骨移位、变软。椎体萎缩，最后几个椎体常消失。人工可使尾椎骨卷曲，病牛不感疼痛。

【预防】主要是改善日粮配合，调整日粮中所含钙、磷量，使其比例正常。同时，加强管理，适当运动，增加光照。

【治疗】静脉注射10%氯化钙注射液100～300毫升；或静脉注射葡萄糖酸钙注射液300～500毫升；或磷酸钙10～30克，混入饲料中，内服。此外，用维生素A、维生素D注射液，每隔2～3日肌内注射1次。

十、异食癖

【病因】由于饲料中的钠、铜、钙、钴、铁等矿物质不足或某些维生素缺乏，使牛体代谢功能紊乱，导致本病的发生。

【症状】病牛舔食、啃咬、吞咽被粪便污染的饲草或铺草，舔食墙壁、食槽，啃吃土块、砖瓦、煤渣、破布等物。病牛初神经敏感，而后迟钝。皮肤干燥而无弹性，被毛无光泽。拱腰，磨牙，畏寒，口干舌燥，病初便秘，继而腹泻或两者交替发生。渐进性消瘦，食欲、反刍停止，泌乳减少，直至衰竭而死亡。

【预防】改善饲养管理，给予全价日粮，多喂给优质青草、青干草、青贮料，补饲麦芽、酵母等富含维生素的饲料。

【治疗】视病因而定。可给予氯化钴 30～40 毫克，小牛 10～20 毫克；或硫酸铜配合氯化钴 300 毫克，小牛 75～150 毫克。

十一、磷化锌中毒

磷化锌是一种有效的灭鼠药和熏蒸杀虫剂。

【病因】牛误食了灭鼠药饵或被磷化锌污染的饲料造成中毒。

【症状】病牛食欲减退，继而发生呕吐和腹痛，呕吐物蒜臭味，在暗处有磷光，同时有腹泻，粪中混有血液。病牛迅速变为衰弱，脉搏数减少，节律失常，黏膜呈黄色，尿色也黄，并出现蛋白尿、红细胞和管型尿，末期陷于昏迷。

【预防】加强对灭鼠药的管理，以防误食。大面积进行灭鼠时将催吐剂配入毒饵，可起到一定的预防作用。

【治疗】无特效解毒方法。如能早期发现，灌服 0.2%～0.5%硫酸铜溶液催吐，使之与磷化锌形成不溶的磷化铜，从而降低其毒性作用。与此同时，可静脉注射高渗葡萄糖注射液和氯化钙注射液。

十二、尿素中毒

尿素是动物体内蛋白质分解的终末产物，是农业上广泛使用的化肥，在牧业上可作为反刍动物的蛋白质饲料添加剂，但在日粮中尿素配制过多或搅拌不均匀，或在尿素施肥的地区放牧误食，均可造成中毒。

【病因】尿素在牛饲料中配制过量或配制方法不当，能产生大量的氨，氨通过侵害机体神经系统而导致中毒。

【症状】牛过食尿素后 0.5～1 小时即可发病。初期病牛表现不安，呻吟、流涎、肌肉震颤，体躯摇晃，步态不稳。继而反复痉挛，呼吸困难，脉搏每分钟增至 100 次以上，从口、鼻流出泡沫样液体。末期全身痉挛出汗，瞳孔散大，肛门松弛，几小时内死亡。

【预防】必须严格饲料保管制度，不能将尿素与饲料混杂堆放，以免误用，更不能在牛舍内放置尿素。要控制尿素与其他饲料的配合比例。用前一定要搅拌均匀，为提高补饲尿素的效果，要严禁溶于水喂给。

【治疗】病初灌服大量的食醋或稀醋酸等弱酸溶液，以抑制瘤胃中脲酶的活力，并中和尿素的分解产物——氨。用 1% 醋酸 1 升，糖 500 克，常水 1 升，1 次内服；或用 10% 硫代硫酸钠注射液 200 毫升，静脉注射。并应用强心药、利尿药、高渗葡萄糖等对症治疗。

参考文献

[1] 李聚财，张春珍. 肉牛高效养殖实用技术 [M]. 北京：科学技术文献出版社，2010.

[2] 蒋洪茂. 无公害肉牛安全生产手册 [M]. 北京：中国农业出版社，2008.

[3] 毛永江. 肉牛健康高效养殖 [M]. 北京：金盾出版社，2009.

[4] 杨泽霖. 肉牛育肥与疾病防治 [M]. 北京：金盾出版社，2009.

[5] 曹宁贤. 肉牛饲料与饲养新技术 [M]. 北京：中国农业科学技术出版社，2008.